Ulrich Jarry

Immunothérapie des gliomes et cross-présentation de la microglie

AF209453

Ulrich Jarry

Immunothérapie des gliomes et cross-présentation de la microglie

Presses Académiques Francophones

Imprint

Any brand names and product names mentioned in this book are subject to trademark, brand or patent protection and are trademarks or registered trademarks of their respective holders. The use of brand names, product names, common names, trade names, product descriptions etc. even without a particular marking in this work is in no way to be construed to mean that such names may be regarded as unrestricted in respect of trademark and brand protection legislation and could thus be used by anyone.

Cover image: www.ingimage.com

Publisher:
Presses Académiques Francophones
is a trademark of
International Book Market Service Ltd., member of OmniScriptum Publishing Group
17 Meldrum Street, Beau Bassin 71504, Mauritius

Printed at: see last page
ISBN: 978-3-8416-3590-7

Zugl. / Agréé par: Angers, Université d'Angers, 2011

SOMMAIRE

4

ABREVIATIONS

ADCC	-	"Antibody-dependent cell-mediated cytotoxicity" Cytotoxicité cellulaire médiée par les anticorps
BDNF	-	"Brain-derived neurotrophic factor" Facteur neurotrophique du cerveau
BHE	-	Barrière hémato-encéphalique
BMP	-	"Bone morphogenic protein" Protéine morphogénique de l'os
B7-H1	-	"B7-homologue H1" Homologue H1 de la molécule B7
CD	-	Cellule(s) dendritique(s)
CED	-	"Convection-enhanced delivery" Libération par convection
CMH cl I ou cl	-	Complexe majeur d'histocompatibilité de classe I ou de classe II
COX	-	Cyclo-oxygénase
CPA	-	Cellule présentatrice d'antigène
CpG-ODN	-	Oligodéoxynucléotide à motif CG non-méthylé
CR3	-	"Complement receptor" Récepteur du complément
CTLA4	-	"Cytotoxic T-lymphocyte antigen 4" Antigène 4 des lymphocytes T cytotoxiques
EAE	-	Encéphalite auto-immune expérimentale
EGF	-	"Endothelial growth factor" Facteur de croissance endothéliale
ERAP	-	"Endoplasmic reticulum aminopeptidase" Aminopeptidase du réticulum endoplasmique
FGF□	-	"Fibroblast growth factor" Facteur de croissance des fibroblastes
Foxp3	-	"Forkhead box P3" Facteur de transcription Foxp3
GANGs	-	"Glioma-associated ganglioside" Ganglioside associé au gliome
GDF	-	"Growth differentiation factor" Facteur de croissance de différenciation
GDNF	-	"Glial cell-derived neurotrophic factor" Facteur neurotrophique dérivé des cellules gliales
GFP	-	"Green fluorescent protein" Protéine fluorescente verte
GITR	-	"Glucocorticoid-induced TNF receptor" Récepteur au TNF induit par les glucocorticoïdes
GM-CSF	-	"Granulocyte-macrophage colony stimulating factor"

		Facteur stimulant les cellules granulocytaire et macrophagique
HGF/SC	-	"Hepatocyte growth factor/scatter factor"
		Facteur de croissance des hépatocytes / facteur de dispersion/diffusion
HMGB1	-	"High mobility group box 1"
		Boîte 1de groupe à haute mobilité
HSP	-	"Heat-shock protein"
		Protéine de choc thermique
ICAM	-	"Inter-Cellular Adhesion Molecule"
		Molécule d'adhésion inter-cellulaire
IDO	-	Indoleamine 2,3-dioxygénase
IFN	-	Interféron
IGF	-	"Insulin-like growth factor"
		Facteur de croissance ressemblant à l'insuline
IL-	-	Interleukine-
iNOS	-	NO synthase inductible
IRAK	-	"Interleukin-1 receptor-associated kinase"
		Kinase associée au récepteur à l'interleukine-1
IRF3	-	"Interferon regulatory factor 3"
		Facteur 3 de régulation des interférons
LAG-3	-	"Lymphocyte-activation gene 3"
		Gène 3 d'activation des lymphocytes
LB	-	Lymphocytes B
LCR	-	Liquide céphalo-rachidien
LDL	-	"Low-density lipoprotein"
		Lipoprotéine(s) de faible densité
LIF	-	"Leukemia inhibitory factor"
		Facteur inhibiteur de la leucémie
LPS	-	Lipopolysaccharide
LRP	-	"Low density lipoprotein receptor-related protein"
		Protéine associée au récepteur aux lipoprotéines de faible densité
LRR	-	"Leucine-rich repeat motif"
		Motif répété riche en leucine
LTc	-	Lymphocytes T cytotoxique
MALT	-	"Mucosa-associated lymphoid tissue"
		Tissu lymphoïde associé aux muqueuses
MARCO	-	"Macrophage receptor with collagenous structure"
		Récepteur macrophagique avec une structure collagénique
MCP	-	"Monocyte chemotactic protein"
		Protéine de chimiotactisme des monocytes

MDSC	-	"Myeloid derived immunosuppresive cell" Cellule immunosuppressive dérivée des cellules myéloïdes
MIP	-	"Macrophage-inflammatory protein" Protéine inflammatoire des macrophages
MMP	-	Métallo-protéinase
MOMA	-	"Monocyte / Macrophage Marker" Marqueur des monocytes et macrophages
Mφ	-	Macrophage
NGF	-	"Nerve growth factor" Facteur de croissance des nerfs
NK	-	"Natural killer" Cellules tueuses naturelles
NLR	-	"Nod-like receptor" Récepteur ressemblant aux Nod
NO	-	"Nitric oxide" Monoxyde d'azote
NT	-	Neurotrophine
OMS	-	Organisation Mondiale de la Santé
PAMP	-	"Pathogen-associated molecular pattern" Motif moléculaire associé aux pathogènes
PDGF	-	"Platelet-derived growth factor" Facteur de croissance derivé des plaquettes
PD-L1	-	"Programed death ligand-1" Ligand-1 de mort programmé
PGE2	-	Prostaglandine E2
PI-9	-	"Protease inhibitor-9" Inhibiteur-9 de protéase
PRR	-	"Pattern recognition receptor" Récepteur de reconnaissance de motif
RAGE	-	"Receptor for advanced glycation end product" Récepteur pour produit final de la glycation avancée
RANTES	-	"Regulated upon activation normal T-cell expressed and secreted"
RCAS1	-	"Receptor Binding Cancer Antigen Expressed on SiSo Cells"
RE	-	Réticulum endoplasmique
RLR	-	"RIG-I-like receptor" Récepteur ressemblant au RIG-I
ROS	-	"Reactive oxygen species" Espèce oxygénée réactive
SNC	-	Système nerveux central
SR	-	"Scavenger receptor"

		Récepteur d'épuration
TAM	-	"Tumor-associated macrophage" Macrophage associé aux tumeurs
TAP	-	"Transporter associated with antigen processing" Transporteur associé à l'apprêtement de l'antigène
TCR	-	"T cell receptor" Récepteur des cellules T
TGF	-	"Transforming growth factor" Facteur de croissance transformant
TIL	-	"Tumor-infiltrating lymphocyte" Lymphocyte infiltrant la tumeur
TIR	-	"Toll-interleukin-1 receptor" Récepteur de la famille des Toll et de l'IL-1
TLR	-	"Toll-like receptor" Récepteur ressemblant au Toll
TNF	-	"Tumor necrosis factor" Facteur de nécrose tumorale
TRAF6	-	"TNF receptor-associated factor 6" Facteur 6 associé au récepteur du TNF
TRAIL	-	"TNF-related apoptosis inducing ligand" Ligand induit par l'apoptose relative au TNF
TRIF	-	"TIR-domain-containing adapter-inducing interferon"
VCAM	-	"Vascular cell adhesion molecule" Molécule d'adhésion cellulaire vasculaire
VEGF	-	"Vascular endothelial growth factor" Facteur de croissance endothéliale vasculaire
VIP	-	"Vasoactive intestinal peptide" Peptide intestinal vasoactif
VLA-$\alpha 4\beta 1$	-	"Very late antigen $\alpha 4\beta 1$" Antigène $\alpha 4\beta 1$ très tardif
Wt	-	"Wildtype" Sauvage

INTRODUCTION

Les cancers sont des maladies qui, du fait des progrès observés en médecine, s'inscrivent de plus en plus dans les inquiétudes de nos sociétés occidentales. Pour autant, de nombreux signes montrent que cette maladie est omniprésente depuis des temps immémoriaux. Ainsi, des études scientifiques font état d'atteintes cancéreuses sur des ossements de dinosaures datant d'environs 80 millions d'années. De même, d'anciens écrits médicaux égyptiens (1500 av JC) relatent la présence de cette maladie. Toutefois, il faudra attendre Hippocrate (460 - 370 av. JC) pour avoir une première définition, sous le nom de « *carcinos* », de grosseurs chroniques qui semblaient être des tumeurs. Le médecin Romain Celsus (28 av. JC – 50 ap. JC) distinguera ensuite les «Cancers », désignant des ulcères d'allure maligne avec pénétration profonde, et les « carcinoma », définissant des lésions pré-malignes et malignes de type superficiel. Quelques années plus tard, un médecin grec du nom de Galien (130 – 201 ap. JC) prolonge les dogmes d'Hippocrate et attribue l'origine du cancer à un déséquilibre de la bile noire (constituant, avec le sang, la bile jaune et la pituite, les quatre humeurs du corps humain). C'est cette idée qui perdura pendant près de 15 siècles, associant ainsi le cancer à une maladie générale aux manifestations locales, et qui se traite essentiellement par un régime alimentaire adéquat, des médicaments et des saignées. Si au 16eme siècle, Ambroise Paré (1509 ? – 1590) explique que les cancers sont des manifestations locales de l'humeur noire, l'idée de cette maladie évolue au 17eme siècle notamment avec Tulp (1599 – 1674) qui présente des descriptions anatomiques précises de certains cancers. Malheureusement, dans le même temps, Sennert (1572 – 1637) définie le cancer comme étant un mal contagieux ce qui conduira pendant près de 200 ans à l'exclusion des cancéreux des hôpitaux.

Ce ne sera finalement qu'à partir du 18eme siècle que se précisera l'image du cancer tel que nous la connaissons aujourd'hui. Tout d'abord, l'existence d'un lien entre l'environnement professionnel et le cancer est avancée en 1775 par le chirurgien anglais Pott (1714 – 1788), qui observe chez les ramoneurs, régulièrement en contact avec la suie, une incidence plus forte du cancer du scrotum. Cette idée sera renforcée tout au long du 19eme et du 20eme siècle. Parallèlement à cette observation, Bichat (1771 – 1802) arrive à comprendre l'origine tissulaire du cancer, et Récamier (1774 – 1852) introduira la notion de métastases, amenant par la même occasion à de nombreux questionnements quant à la formation et à la dissémination des cancers. Dès lors, le cancer va être considéré comme étant une maladie localisée pouvant être traitée par chirurgie. Ce sera ensuite, avec la création de l'institut du radium en 1903 qui concentre et coordonne des spécialités médicales et de thérapeutiques différentes (rayons X, chirurgie, chimiothérapie, etc.), que seront appliqués pour la première fois des traitements anti-tumoraux combinés.

Actuellement, le terme de tumeur est préféré à celui de cancer pour définir une grosseur anormale. A l'origine d'une tumeur une cellule initiatrice va, sous la pression de son environnement, subir une ou plusieurs altérations génétiques. Les causes exactes de ces modifications ne sont pas clairement établies, mais il semble que les risques génétiques, les infections, les radiations, l'obésité, l'alimentation et la pollution sont autant de facteurs augmentant le risque de cancer. Dans tous les cas, des modifications de gènes oncogènes et/ou suppresseurs de tumeur sont observées et conduisent la cellule initiatrice à acquérir diverses propriétés (Hanahan & Weinberg, 2000). Celle-ci se mettra alors à proliférer de manière anarchique et accélérée sans plus aucune solidarité avec le reste de l'organisme, tout en étant insensible aux mécanismes de défense de l'organisme (e.g. apoptose, système immunitaire).

Parmi les différents types de tumeurs sont distingués les tumeurs bénignes, limitées et localisées au sein des tissus, et les tumeurs malignes (ou tumeurs cancéreuses), très expansives et potentiellement métastasiques. Tandis que les tumeurs bénignes (e.g. verrue, grains de beauté) sont généralement sans gravité, les tumeurs malignes vont, en obstruant les organes creux, en augmentant la pression interne de certains organes, en provoquant une asphyxie des cellules saines, ou encore en sécrétant diverses molécules (e.g. hormones, cytokines) induire de graves perturbations dans l'organisme pour finalement conduire à la mort de ce dernier. Les tumeurs malignes sont d'autant plus dangereuses qu'elles peuvent donner naissance à des métastases augmentant ainsi la propagation tumorale dans l'organisme.

Les classifications actuelles des tumeurs conduisent à différencier :

- les tumeurs primaires, qui sont issues du tissu environnant, et les tumeurs secondaires qui sont issues de métastases.

- les tumeurs « solides », consistant en une masse individualisée accompagnée ou non de métastases, et les tumeurs « liquides », consistant en des cellules tumorales disséminées dans les fluides de l'organisme.

- les carcinomes qui sont des tumeurs d'épithélium, les sarcomes qui sont des tumeurs de tissus conjonctifs et les cancers hématopoïétiques qui sont des tumeurs de cellules sanguines.

- et enfin, l'organe où se développe la tumeur (e.g. cancer du sein, tumeurs cérébrales). Il existe presque autant de source de cancer que de tissus dans l'organisme.

Bibliographie
- *IMBAULT-HUART M.J. (1985). Histoire du cancer. Histoire, n° 74.*
- *ADAM P. & HERZLICH C. (1994). Sociologie de la maladie et de la médecine. Nathan, 128.*
- *LANCE M. (1999). La chirurgie du temps jadis. Cancer Info, n° 58, 13.*
- *HANAHAN D. & WEINBERG, R.A. (2000). The hallmarks of cancer. Cell, **100**, 57-70.*

I-1) Présentation des tumeurs cérébrales

Les tumeurs cérébrales primaires affectent approximativement 176 000 personnes chaque année dans le monde (Parkin, 2001), avec une morbidité évaluée à 128 000 décès (soit 72.7%). Elles représentent la deuxième cause de cancer la plus répandue chez les enfants et la troisième plus importante cause de décès de cancer chez l'Homme de 15 à 34 ans ("brain tumor fact sheet", brain research fund foundation of London, Ontario). Les tumeurs cérébrales sont actuellement identifiées suivant la classification de l'Organisation Mondiale de la Santé (OMS), créée à l'origine en 1956 et fréquemment remise à jour. Malheureusement, cette classification, qui se base essentiellement sur des critères histologiques et de degré de malignité, est assez subjective et fait totalement abstraction des aspects génétiques des tumeurs. Ainsi, le développement d'une classification moléculaire plus précise est de plus en plus envisagé (Gorlia *et al.*, 2008).

Suivant les critères actuels, les gliomes sont les tumeurs du cerveau les plus fréquentes chez l'adulte puisqu'elles représentent plus de 50% des tumeurs cérébrales primitives. Elles sont classées en trois sous-groupes suivant l'origine cellulaire : les astrocytomes, issus des astrocytes (cellules de soutien du cerveau), les oligodendrocytomes (dérivant des oligodendrocytes) et les oligo-astrocytomes (tumeurs mixtes combinant les caractéristiques des deux précédents types de gliomes). Les gliomes de grade I sont cliniquement considérés comme bénins et peuvent souvent être traités chirurgicalement. Les tumeurs de grade II, III et IV (glioblastome ; Fig 1) sont des tumeurs de malignité croissante qui nécessitent des traitements complémentaires.

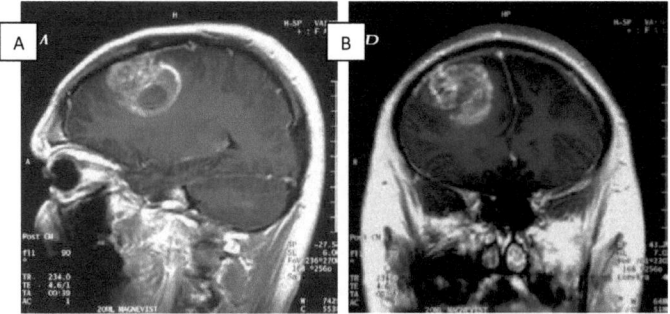

Figure 1: Visualisation par IRM (Imagerie par Résonance Magnétique) d'un glioblastome multiforme chez un enfant de 15 ans: Coupe sagittale (A) et frontale (B). (Christaras 2006).

Parmi les tumeurs primaires du système nerveux central (SNC), nous pouvons aussi citer les épendymomes, qui dérivent des épendymocytes bordant l'épendyme et recouvrant les cavités ventriculaires, les méningiomes qui dérivent des méninges et les neurinomes accoustiques, qui sont généralement de bas grade, les adénomes hypophysaires qui peuvent sécréter diverses hormones, les craniopharingiomes, les médulloblastomes, apparaissant souvent à la base de la moelle épinière et étant le cancer du cerveau le plus courant chez l'enfant, et les lymphomes, qui dérivent de lymphocytes B ou T ayant infiltré le SNC. Enfin, les tumeurs cérébrales comptent aussi pour 25 à 30 % de tumeurs secondaires chez les adultes. Celles-ci sont généralement dues à des métastases provenant, entre autres, de cancers de la peau, des seins, des reins et des poumons.

Les symptômes cliniques des tumeurs cérébrales, surtout associés à la localisation de celles-ci (Fig 2), sont globalement maux de tête, nausées, vomissements et désordres visuels dus à une augmentation de la pression intracrânienne, mais aussi crises d'épilepsies et changements de personnalité, et enfin faiblesses et paralysies.

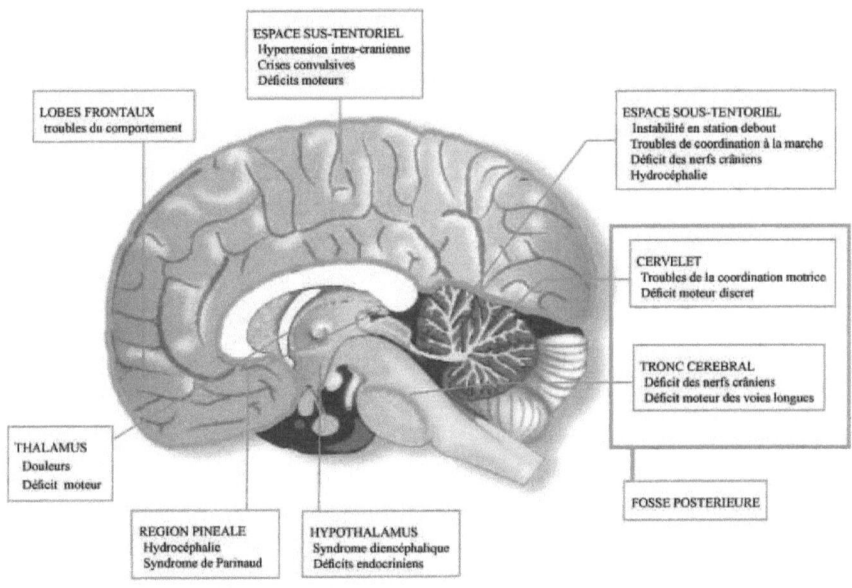

Figure 2 : Représentation schématique d'un cerveau en vue sagittale indiquant les signes cliniques des tumeurs cérébrales selon leur localisation. (Catros-Quemener *et al.*, 2003).

I-2) Traitements d'aujourd'hui et de demain des tumeurs cérébrales

Les traitements usuels des tumeurs cérébrales sont l'exérèse, la radiothérapie et la chimiothérapie. Si dans le cas des chimiothérapies la présence de la barrière hémato-encéphalique (BHE) est un véritable frein à l'utilisation de certaines molécules, ces traitements sont dans tout les cas confrontés au problème de localisation et au caractère hautement prolifératif et infiltrant des cellules tumorales. Actuellement, le protocole de Stupp (Stupp *et al.*, 2005) fait référence dans les traitements des glioblastomes. Celui-ci repose sur une exérèse, complète ou partielle, lorsque cela est possible, suivie d'un traitement radiothérapeutique de 60 Gy à raison de 2 Gy par séance et 5 séances par semaine, et, de façon concomitante, d'une chimiothérapie par témozolomide (Témodal®) à raison de 75 mg/m² par jour, pendant 42 jours. Malheureusement, ce protocole peut aussi être associé à des risques de déficit neurologique (transitoire ou définitif) et de nombreux effets secondaires tels que chute des cheveux, nausées et vomissements, mais aussi anémies, aplasie et pneumopathie. De plus, l'espérance de vie du malade reste limitée (inférieure à 2 ans pour un glioblastome) et le risque de rechute est souvent inévitable (Stupp *et al.*, 2005). Compte tenu de ces problèmes, la recherche scientifique s'oriente vers de nouvelles stratégies thérapeutiques innovantes.

Ainsi, la chimiothérapie ciblée vise à favoriser la localisation des agents actifs au plus près des cellules tumorales. Cette approche concerne ainsi les stratégies basées sur l'augmentation temporaire de la perméabilité de la BHE (Emerich *et al.*, 2000a; Emerich *et al.*, 2000b), via l'utilisation d'agents osmotiques (e.g. mannitol) et/ou de molécules capables d'augmenter la perméabilité capillaire (e.g. RMP-7, un analogue de la bradykinine) (Lesniak & Brem, 2004). D'autres stratégies reposent sur l'amélioration des propriétés lipophiles des molécules thérapeutiques employées, par modification chimique ou par encapsulation dans des vecteurs lipidiques (e.g. liposomes), afin que celles-ci accèdent plus facilement au site de la tumeur (Huynh *et al.*, 2009; Bellavance *et al.*, 2010; Ying *et al.*, 2010). Enfin, il est aussi possible d'administrer directement le principe actif au niveau du SNC, soit par injection directe à l'aide d'un cathéter (« CED » ou convection-enhanced delivery) (e.g. bléomycine, dérivés du platine) (Olivi *et al.*, 1993; Bobo *et al.*, 1994; Walter *et al.*, 1995; Bankiewicz *et al.*, 2000), soit en plaçant dans le site tumoral des implants polymères contenant des molécules actives qui sont libérées de façon prolongée (Grossman *et al.*, 1992; Brem *et al.*, 1994; Veziers *et al.*, 2001; Arifin *et al.*, 2009). A ce titre, le traitement par Gliadel, polymère biodégradable imprégné de carmustine (molécule de la famille des nitrosourée), associé au protocole de Stupp, a permis d'améliorer la médiane de survie des patients atteints de glioblastome de 72.7 semaines à 89.5 (Affronti *et al.*, 2009; McGirt *et al.*,

2009). L'ensemble de ces méthodes permet d'augmenter les doses locales administrées, de prolonger la durée d'exposition de la tumeur à la drogue et, dans la mesure où la BHE empêche la diffusion systémique des molécules hydrophiles, d'induire une action localisée et donc de réduire leurs potentiels effets toxiques (Fournier *et al.*, 2003; Garcion *et al.*, 2006).

L'utilisation d'agents anti-angiogéniques est une autre approche thérapeutique envisagée dans le traitement des tumeurs cérébrales. En effet, les cancers, tels que les gliomes, sont caractérisés par la sécrétion de nombreux facteurs de croissance (e.g. VEGF « vascular endothelial growth factor », FGF□ « fibroblast growth factor », PDGF « platelet-derived growth factor », EGF « endothelial growth factor ») favorisant les phénomènes d'angiogénèse et donc le développement anarchique de nouveaux vaisseaux sanguins au niveau de la tumeur. Les mécanismes d'angiogénèse vont, d'une part, permettent un apport en oxygène et en éléments nutritifs indispensables à la croissance tumorale et, d'autre part, favoriser la formation de métastases et donc la mortalité due au développement de la tumeur (Winkler *et al.*, 2004; Yance & Sagar, 2006; Batchelor *et al.*, 2007; Folkman, 2007; Nabors *et al.*, 2007). Les approches anti-angiogéniques sont en majorité basées soit sur l'utilisation d'anticorps monoclonaux dirigés contre les facteurs de croissance (e.g. Avastin® (bevacizumab) dirigé contre le VEGF) ou leur récepteur (e.g. Cetuximab dirigé contre le récepteur à l'EGF), soit sur l'utilisation d'inhibiteurs de voies de signalisation et plus précisément d'inhibiteurs de kinases (e.g. Imatinib, Sunitinib, Sorafenib). La plupart de ces molécules sont actuellement testées dans des études cliniques en combinaison avec des thérapies conventionnelles. C'est par exemple le cas pour le cetuximab, testé en association avec le protocole de Stupp au cours d'une étude clinique de phase II (Combs *et al.*, 2006), qui présente malheureusement des résultats mitigés du fait des phénomènes de compétition observés avec les ligands endogènes de l'EGFR (Hasselbalch *et al.*, 2010). Le bevacizumab représente à l'heure actuelle le seul médicament anti-angiogénique approuvé par la « Food and Drug Administration » américaine comme pouvant être utilisé seul chez des patients atteints de glioblastome en progression après une première ligne de traitement.

D'autres stratégies portent sur la thérapie génique dont le principe est de modifier l'ADN des cellules pour traiter différentes pathologies (Kroeger *et al.*, 2010; Castro *et al.*, 2011). Si ce concept est évoqué dès la fin des années 1960 (Campbell, 1966), le premier essai clinique réalisé date du début des années 1990 sur une fillette atteinte d'un syndrome d'immunodéficience du fait d'un défaut d'adénosine désaminase (Blaese *et al.*, 1995). Depuis, de nombreux essais cliniques basés sur la thérapie génique ont été menés, dont plus de 65 % sur le traitement des cancers (Rochlitz, 2001). A l'heure actuelle, la thérapie génique anticancéreuse peut concerner les stratégies

16

visant à stimuler les effecteurs immunitaires, par exemple en transférant des gènes codant pour des cytokines proinflammatoires (e.g. TNFα « tumor necrosis factor alpha », IFNγ « Interferon γ», IL-2 « Interleukine 2 ») dans les effecteurs du système immunitaire infiltrant la tumeur (e.g. TIL « tumor-infiltrating lymphocytes ») (Roth & Cristiano, 1997) ou dans les cellules tumorales elles-mêmes (Rochlitz, 2001). Une autre stratégie repose sur la réinsertion de gène suppresseur de tumeur (e.g. p53) (Roth *et al.*, 1996) ou la suppression de pro-oncogène (e.g. ras, c-myc, bcl-2) notamment par l'expression d'oligonucléotide antisens (Webb *et al.*, 1997; Rochlitz, 2001). Enfin, il existe aussi des stratégies visant à intégrer au sein des cellules cancéreuses un gène suicide afin de les rendre vulnérables à une drogue. Cette stratégie est illustrée par l'insertion d'un gène codant pour une thymidine kinase à l'aide d'un rétrovirus. Cette enzyme permet alors de transformer le ganciclovir en ganciclovir tri-phosphate toxique induisant la mort de la cellule tumorale (Tanaka, 1997). Des études cliniques de phase I et II, menées chez des patients atteints de tumeurs cérébrales, ont montré que cette stratégie aboutissait à un taux de survie supérieur à celui obtenu part les traitements conventionnels (Maatta *et al.*, 2009).

Une dernière voie thérapeutique concerne les stratégies d'immunothérapie (cf. ''IV-4) Immunothérapie active''). Celle-ci est basée sur la manipulation du système immunitaire afin d'induire l'élimination de l'ensemble des cellules tumorales. Evidemment, le développement d'une telle stratégie immunothérapeutique dirigée contre les tumeurs cérébrales implique une connaissance des mécanismes régissant le système immunitaire du système nerveux central (SNC).

II- STATUT IMMUNOLGIQUE PARTICULIER DU SYSTEME NERVEUX CENTRAL

Le SNC est constitué de la moelle épinière et de l'encéphale, comprenant cerveau, cervelet et tronc cérébral. Celui-ci est protégé, d'une part par une structure osseuse (os du crâne et colonne vertébrale), et d'autre part par un ensemble de membranes formant les méninges. Les méninges sont constituées de la dure-mère, feuillet conjonctif rigide et fibreux, adhérant au crâne et à la colonne vertébrale, de l'arachnoïde, membrane molle et avasculaire, et enfin de la pie-mère, une fine lame de tissu conjonctif vascularisé qui tapisse la surface externe du SNC. L'espace sous-arachnoïdien, situé entre l'arachnoïde et la pie mère, est occupé par un tissu spongieux permettant au liquide céphalorachidien (LCR) de circuler. Le LCR, qui est synthétisé au niveau des plexus choroïdes situés dans les ventricules cérébraux à partir de la filtration sanguine, assure une protection mécanique du cerveau contre les chocs et permet la circulation des médiateurs de l'immunité. Les tissus du SNC sont répartis entre la substance blanche, composée des axones myélinisés et nonmyélinisés regroupés en fibre nerveuse, et la substance grise, contenant les corps cellulaires des neurones, des dendrites et d'une partie des axones des neurones. Au niveau cellulaire, le SNC est composé, en plus des neurones, des cellules de la microglie, aux fonctions immunologiques, et de la macroglie, issus des glioblastes du tube neural embryonnaire. Ces dernières regroupent les astrocytes, cellules de soutien des neurones impliquées dans la formation de la BHE, les oligodendrocytes, assurant la myélinisation axonale, et les épendymocytes, recouvrant les cavités ventriculaires du SNC et jouant un rôle majeur dans les phénomènes de sécrétion/réabsorption entre le parenchyme cérébral et le LCR.

Au milieu du siècle dernier, des observations ont fait état du maintien à long terme de greffons au sein du cerveau et ainsi conduit à qualifier le SNC de site immunologique privilégié (Medawar, 1948; Barker & Billingham, 1977). Cependant, au vu de l'existence de maladies auto-immunes et inflammatoires touchant cet organe, ce concept fut récemment révisé au profit d'une qualification de site au statut immunologique particulier (Carson *et al.*, 2006). Il en résulte que le SNC est considéré comme étant un site où les processus conventionnels d'inflammation sont soumis à une forte limitation, permettant ainsi d'éviter le déclenchement intempestif d'une réaction inflammatoire délétère pour les cellules cérébrales et tout particulièrement pour les neurones. Ce statut immunologique particulier est principalement attribué à l'isolement du cerveau par la BHE, à l'absence de drainage lymphatique conventionnel, à la faible expression des molécules du complexe majeur d'histocompatibilité de classe I (CMH cl I) et II (CMH cl II), à la présence de facteurs immunosuppresseurs, et enfin à la présence des cellules microgliales.

II-1) La barrière hémato-encéphalique (BHE)

Au niveau du SNC, les trois entités que sont le LCR, le sang et le parenchyme nerveux, sont isolés les unes des autres par des « barrières » physiques. Ainsi, les cellules épendymaires sont les constituants à la fois de la barrière hémato-méningée, isolant le sang du LCR, et de la barrière méningo-encéphalique, isolant le LCR du parenchyme nerveux. La BHE (Fig 3), qui permet d'assurer l'homéostasie du SNC mais aussi d'isoler le parenchyme nerveux du sang et notamment des agents pathogènes et autres toxines pouvant s'y trouver, est quant à elle due à un ensemble de facteurs.

Tout d'abord, cette BHE est induite par la présence au niveau des vaisseaux sanguins de cellules endothéliales caractérisées par des jonctions serrées, une absence de fenestrations, peu de vésicules de pinocytose (Bailey *et al.*, 2006b) et d'un petit nombre de cavéoles à la surface luminale

(Hallmann *et al.*, 1995). Il faut également noter qu'elles sont dotées de nombreuses mitochondries, qui sont le reflet d'un métabolisme énergétique intense (Coomber & Stewart, 1985), et qu'elles sont sélectivement perméables aux molécules de petite taille et de grande lipophilicité (Chaudhuri, 2000). Ensuite, la présence d'une lame basale, constituée essentiellement de collagène de type IV, de laminine, de protéoglycanes et de fibronectine, et dans laquelle se trouvent les péricytes, contribuerait à cette barrière. Ces cellules induiraient une diminution de la perméabilité vis-à-vis de certaines molécules en augmentant la résistance électrique trans-épithéliale (Dente *et al.*, 2001) et en agissant sur les phénomènes d'angiogénèse, de néovascularisation (Dore-Duffy *et al.*, 2000; Gonul *et al.*, 2002) et de vasoconstriction (Peppiatt *et al.*, 2006). Enfin, les pieds astrocytaires complètent la BHE, en recouvrant presque intégralement la surface capillaire incluant cellules endothéliales et péricytes (Kacem *et al.*, 1998).

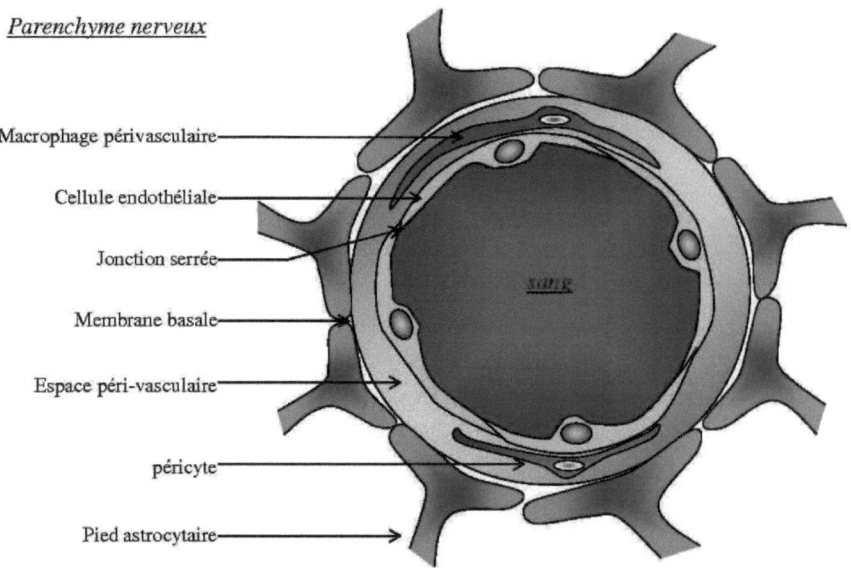

Figure 3 : Représentation schématique de la barrière hémato-encéphalique. (Donnou, 2007 ; Manuscrit de thèse).

Même si la présence physique de la lame basale et des pieds astrocytaire semble participer aux propriétés de perméabilité sélective de la BHE, il semblerait que celles-ci soient essentiellement dues à l'action sur les cellules endothéliales de facteurs solubles tels que l'angiopoiétine-1 (Ang-1) synthétisés par les péricytes (Ramsauer *et al.*, 2002; Sundberg *et al.*, 2002), le « glial cell-derived neurotrophic factor » (GDNF) (Igarashi *et al.*, 1999) et le FGF (Rubin *et al.*, 1991) synthétisé par les astrocytes, et du « transforming growth factor » (TGF-β) synthétisé à la fois par les péricytes et les astrocytes (Antonelli-Orlidge *et al.*, 1989; Sato & Rifkin, 1989; Tran *et al.*, 1999).

Les conséquences de la présence de la BHE sont d'une part l'absence de flux intercellulaire et d'autre part un contrôle des flux transcellulaires. Si les substances de petites tailles et liposolubles peuvent aisément passer du sang vers le parenchyme nerveux, les nutriments tels que le glucose doivent emprunter des transporteurs spécifiques, tandis que d'autres substances (e.g. insuline) utilisent les mécanismes d'endocytose médiée par des récepteurs (Ballabh *et al.*, 2004). De plus, la BHE est aussi caractérisée par une faible expression constitutive de molécules d'adhérence (e.g. « Inter-Cellular Adhesion Molecule 1 » : ICAM-1) (Steffen *et al.*, 1996), ce qui limite les infiltrations cellulaires au sein du SNC, et notamment de cellules immunitaires. Ainsi, dans des conditions physiologiques « normales » seuls les lymphocytes T activés ou mémoires exprimant fortement des molécules d'adhérence, tel que le « vascular cell adhesion molecule 1 » (VCAM-1), vont être en mesure de franchir la BHE.

Il existe cependant quelques portes d'entrée pour les cellules immunitaires, tels que les plexus choroïdes, responsables de la formation du LCR, et les organes circumventriculaires. De plus, lors d'un évènement inflammatoire, la BHE est partiellement déstabilisée et connait une expression accrue des molécules d'adhérence. Cela conduit à une augmentation de la perméabilité facilitant le recrutement des cellules immunitaires périphériques (e.g. cellules NK « natural killer », lymphocytes T (LT) CD4[+] et CD8[+], neutrophiles) (Archambault *et al.*, 2005).

II-2) Le drainage lymphatique non-conventionnel

Le système lymphatique est constitué d'un réseau de vaisseaux lymphatiques, parallèle au système artériel, véhiculant la lymphe qui irrigue ainsi les organes lymphoïdes primaires (e.g. thymus et moelle osseuse) et secondaires (e.g. rate, ganglions lymphatiques et les « mucosa-associated lymphoid tissue » ou MALT). De nombreuses cellules immunitaires empruntent ce réseau lymphatique, telles que les CPA (e.g. cellules dendritiques (CD)) qui, après avoir internalisé un antigène, migreront vers les ganglions lymphatiques où elles pourront initier une réponse immunitaire efficace (Banchereau & Steinman, 1998), mais aussi les effecteurs immunitaires (e.g. LT CD4[+] et CD8[+]) qui pourront rejoindre le site de la lésion après leur activation.

Si le SNC présente la particularité d'être dépourvu de ce système lymphatique (Hickey, 2001), il a néanmoins été démontré l'existence d'un drainage des antigènes depuis le parenchyme cérébral vers les ganglions lymphatiques cervicaux (Fig 4) (Aloisi *et al.*, 2000b; Ling *et al.*, 2003). Les modalités de cette migration n'ont pas été identifiées mais il existe néanmoins quelques hypothèses (Ransohoff *et al.*, 2003; Walker *et al.*, 2003). Ainsi, le drainage des antigènes solubles pourrait se faire au niveau des ganglions cervicaux, via le plexus choroïde, et indirectement au niveau de la rate, via les sinus veineux des villosités arachnoïdes (Aloisi *et al.*, 2000b). Sinon, les antigènes pourraient être pris en charge par des CD immatures issues des méninges ou des plexus choroïdes et circulant via le LCR (McMenamin, 1999; McMenamin *et al.*, 2003; Hatterer *et al.*, 2006). Par ailleurs, il est envisageable que les cellules parenchymateuses résidentes, que sont les cellules microgliales, interviennent dans la capture et la migration des antigènes vers les organes lymphoïdes secondaires, surtout sachant que des facteurs de migration tel que CCR7 sont exprimés par ces cellules (Dijkstra *et al.*, 2006)

Enfin, il a été noté qu'une certaine proportion des antigènes reste dans le parenchyme cérébrale afin de permettre une initiation locale de la réponse immunitaire (Ling *et al.*, 2003).

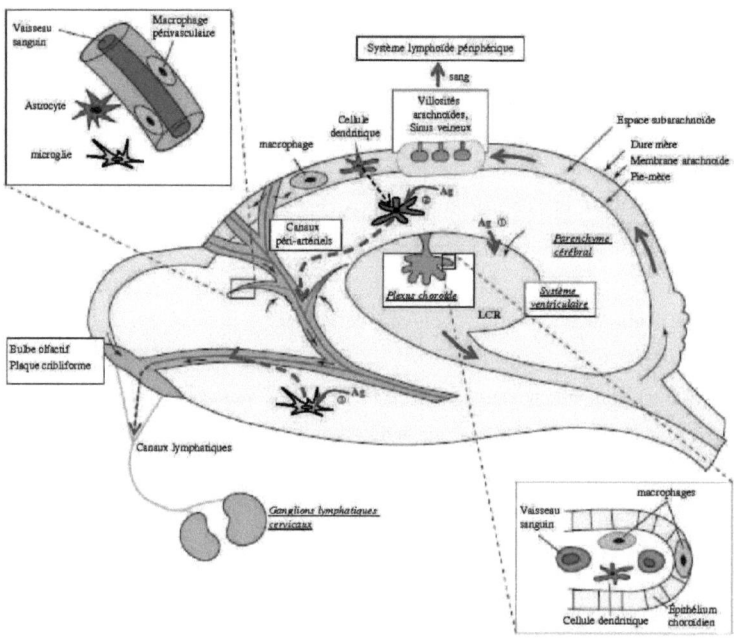

Figure 4 : Représentation schématique des voies supposées du drainage antigénique au sein du système nerveux central. D'après (Aloisi *et al.*, 2000b).

21

II-3) Faible expression des molécules de CMH

Un autre élément contribuant au statut immunologique contrôlé du système nerveux central est la très faible expression des molécules du CMH sur les cellules nerveuses non activées, ce qui prévient toute activation lymphocytaire T. Cette caractéristique explique, en outre, que les cellules nerveuses puissent servir de réservoir lors d'une infection virale (Joly *et al.*, 1991). En présence de facteurs pro-inflammatoires, lors d'une altération de l'activité électrique des neurones (Neumann *et al.*, 1996) ou encore lors d'une section des nerfs crâniens sans perturbation de la BHE (Rao & Lund, 1993), l'expression des molécules du CMH est augmentée et peut alors contribuer à générer une réponse antigène spécifique.

II-4) Expression de facteurs immunosuppresseurs

Une caractéristique majeure du statut particulier du SNC est la présence de molécules jouant un rôle immunosuppresseur et favorisant ainsi le développement des phénomènes de tolérance et/ou d'anergie en vue de limiter les réactions inflammatoires pouvant être délétères pour les cellules nerveuses (Bailey *et al.*, 2006b). Parmi les molécules les mieux identifiées et caractérisées, nous pouvons citer le TGFβ, l'IL-10, la vitamine D3, la molécule FAS et son ligand (FASL), et certains neuropeptides.

Le « transforming growth factor β » (TGFβ) fût le premier membre identifié de la super famille des « transforming growth factor beta superfamily » (Assoian *et al.*, 1983) qui regroupe, depuis, plus de 100 molécules distinctes (e.g. activines, myostatine, « bone morphogenic proteins » (BMPs), « growth/differentiation factors » (GDFs)). Cette molécule est présente sous trois isoformes (β1, β2 et β3). Au sein du SNC, et en conditions physiologiques « standards », les isoformes 2 et 3 sont produites de façon constitutive à la fois par les neurones, les oligodendrocytes et essentiellement les astrocytes, qui en représentent la principale source (Unsicker *et al.*, 1991; da Cunha *et al.*, 1993; Dobbertin *et al.*, 1997; Zhu *et al.*, 2000; Mittaud *et al.*, 2002). L'isoforme 1, quant à elle, est sécrétée par les cellules microgliales, surtout en condition inflammatoire et après activation (da Cunha *et al.*, 1993; Chao *et al.*, 1995; da Cunha *et al.*, 1997; Lehrmann *et al.*, 1998). Le TGFβ, ainsi que les autres membres de sa famille, est notamment impliqué dans de nombreux phénomènes internes tels que le contrôle du cycle cellulaire, la différenciation cellulaire, l'angiogénèse, l'hématopoïèse et la survie des cellules immunitaires et neuronales (Massague, 1998;

22

Bottner *et al.*, 2000; Unsicker & Krieglstein, 2002; Li *et al.*, 2006), mais aussi dans l'initiation et la progression tumorale (Bierie & Moses, 2006; Massague, 2008).

Le TGFβ est caractérisé comme étant une cytokine anti-inflammatoire (Pratt & McPherson, 1997; Wahl *et al.*, 2006; Flavell *et al.*, 2010) pouvant ainsi limiter les mécanismes d'inflammation au sein du SNC, mais pouvant, *a posteriori,* participer fortement à l'échappement tumoral (Fig 5).

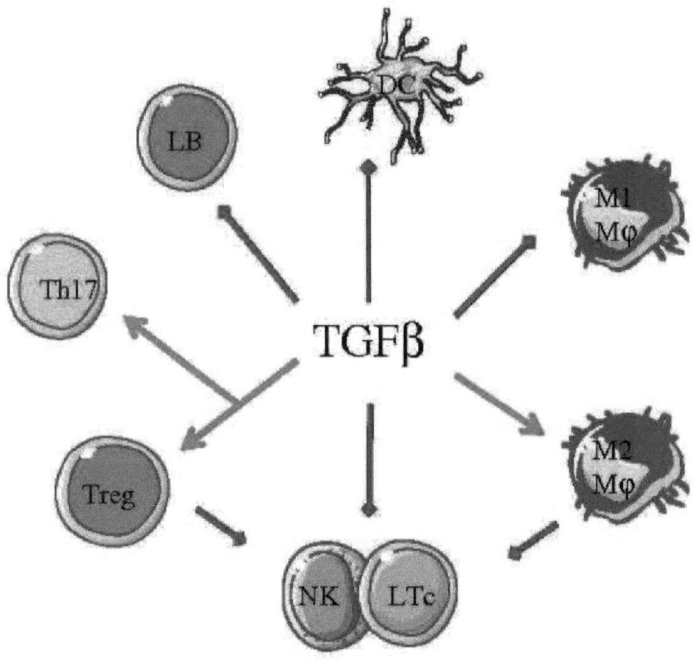

Figure 5 : Représentation schématique de l'effet du TGFb sur certains acteurs du système immunitaire. Légende : DC : cellules dendritiques ; M1 Mφ et M2 Mφ : Mφ de type M1 ou M2 (cf. ''III-3-4) Polarisation de type M1 et M2'') ; LTc : lymphocyte T cytotoxique ; Treg : lymphocytes T régulateurs ; Th17 : lymphocytes auxiliaire de type Th17 ; LB : lymphocytes B. D'après (Park *et al.*, 2009).

Le TGFβ favorise la polarisation des LT CD4[+] vers un profil de lymphocytes T régulateurs (Treg) (Trapani, 2005) et, lorsqu'il est associé à l'IL-6, vers un profil Th17 (Li & Flavell, 2008). Le TGFβ empêche la génération de lymphocytes T cytotoxique (LTc) effecteurs spécifiques de la tumeur (Gorelik & Flavell, 2001) notamment en réprimant l'expression des gènes codant pour la perforine et le granzyme (Thomas & Massague, 2005), mais aussi en bloquant l'expansion clonale

23

des LT CD8[+]. En inhibant l'expression des récepteurs NKp30 et NKG2D, le TGFβ bloque l'activité cytotoxique des cellules NK (Castriconi *et al.*, 2003; Lee *et al.*, 2004). Pour les lymphocytes B (LB), le TGFβ inhibe leur prolifération et la sécrétion d'immunoglobulines (Kehrl *et al.*, 1991; Cazac & Roes, 2000). Concernant les CD, le TGFβ peut, d'une part interférer dans les mécanismes de migration de ces cellules vers les ganglions lymphatiques (Weber *et al.*, 2005; Ito *et al.*, 2006) et, d'autre part, favoriser la génération de CD tolérogènes notamment en réduisant l'expression des molécules de CMH, et des facteurs de co-stimulation (e.g. CD40, CD80 et CD86), ainsi que la sécrétion de cytokines pro-inflammatoires (e.g. TNF, IFNα, IL12) (Bekeredjian-Ding *et al.*, 2009; Flavell *et al.*, 2010). Enfin, la littérature montre aussi que le TGFβ est impliqué dans le recrutement/génération des « tumor associated macrophages » (TAM) (Byrne *et al.*, 2008) et qu'il pourrait conduire à la polarisation des macrophages (Mφ) vers un profil de type M2 (Flavell *et al.*, 2010).

L'IL-10, est une cytokine pléiotropique, pouvant être notamment sécrétée par les cellules microgliales et les astrocytes (Jander *et al.*, 1998; Schroeter & Jander, 2005). L'IL-10 est abondamment exprimé lors des phases de rémission des encéphalites autoimmunes expérimentales (EAE) (Kennedy *et al.*, 1992; Issazadeh *et al.*, 1996; Tanuma *et al.*, 1997; Bettelli *et al.*, 1998; Jander *et al.*, 1998), et lors de lésions du SNC (Zhai *et al.*, 1997; Bethea & Dietrich, 2002). Cette cytokine montre des caractéristiques anti-inflammatoires, telles que la diminution de la capacité de présentation antigénique des Mφ (Fiorentino *et al.*, 1991a; Fiorentino *et al.*, 1991b) et des cellules microgliales (Lodge & Sriram, 1996; Minghetti *et al.*, 1998; Chabot *et al.*, 1999), ou encore l'inhibition de la sécrétion de cytokines et de chimiokines pro-inflammatoires (e.g. IFNγ, IL-1, GM-CSF « Granulocyte-macrophage colony stimulating factor ») (Burdin *et al.*, 1997; Zhai *et al.*, 1997; Aloisi *et al.*, 1999; Hu *et al.*, 1999; O'Keefe *et al.*, 1999; Sawada *et al.*, 1999; Heyen *et al.*, 2000; Wirjatijasa *et al.*, 2002).

La vitamine D, sous sa forme active (1,25-dihydroxyvitamin D3 [1,25(OH)2D3]), présente des propriétés immuno-modulatrices jouant un rôle important au sein du SNC (Lefebvre d'Hellencourt *et al.*, 2003). Synthétisé notamment par les cellules microgliales activées (Neveu *et al.*, 1994c), la vitamine D est dotée d'une fonction neuroprotectrice (Neveu *et al.*, 1994a; Neveu *et al.*, 1994b; Baas *et al.*, 2000; Garcion *et al.*, 2002), mais peut aussi inhiber les fonctions des lymphocytes Th1, et notamment la sécrétion d'IL-12 (Lemire *et al.*, 1995; D'Ambrosio *et al.*, 1998), ainsi que la différenciation, la maturation et les fonctions des CPA (Clavreul *et al.*, 1998; Penna & Adorini, 2000; Piemonti *et al.*, 2000).

L'expression du CD95 ligand (CD95-L ; Fas-L), constitutive par les neurones et les astrocytes (Bechmann *et al.*, 1999; Flugel *et al.*, 2000; Bechmann *et al.*, 2002), et inductible par les cellules microgliales (Frigerio *et al.*, 2000), représente une autre caractéristique du statut immunologique particulier du SNC. Son récepteur, le CD95 (FAS ; APO-1), est une protéine transmembranaire appartenant à la famille du « tumor necrosis factor receptor » (TNF-R) (Itoh *et al.*, 1991). La fixation CD95 / CD95-L va induire l'apoptose de la cellule exprimant le CD95 (Fig 6), notamment par les voies caspase 8 (Boldin *et al.*, 1996; Muzio *et al.*, 1996; Medema *et al.*, 1997) ou BID (Li *et al.*, 1998; Luo *et al.*, 1998) (Fig 6). Ainsi, ce mécanisme de mort cellulaire va être impliqué dans de nombreux mécanismes biologiques et pathologiques, tels que l'élimination des LT autoréactifs (Brunner *et al.*, 1995), l'élimination des cellules néoplasiques ou encore infectées par un virus (Kagi *et al.*, 1994; Lowin *et al.*, 1994), mais aussi dans la résolution de l'inflammation puisque les LT et LB activés expriment le CD95 (Dhein *et al.*, 1995; Poulaki *et al.*, 2001).

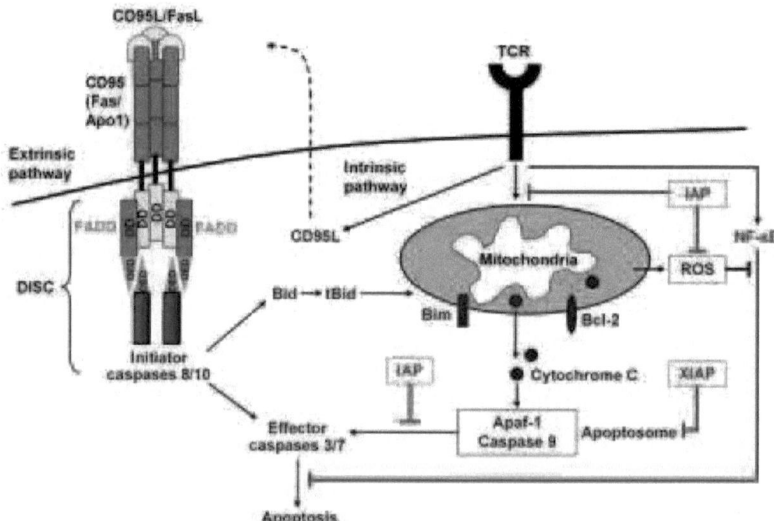

Figure 6 : Représentation schématique de l'induction de l'apoptose par la voie FAS/FASL. (Gronski & Weinem, 2006).

Enfin, le statut immunologique particulier du SNC est aussi dû à une batterie de neuropeptides, tel que la somatostatine, le neuropeptide Y, ou encore le « vasoactive intestinal peptide » (VIP), possédants des fonctions immunosuppressives, telle que l'inhibition de la

25

production de cytokines pro-inflammatoires (Delgado & Ganea, 2003) ou encore de l'oxyde nitrique (NO) par les cellules de type microgliales/macrophagiques (Ganea *et al.*, 2006).

Faisant partie intégrante de ce statut particulier, les cellules microgliales coordonnent toutes les réponses immunitaires du système nerveux central, mais étant soumises à ce microenvironnement particulier, ne pourront pas réagir exactement comme les autres CPA de l'organisme.

III- LES CELLULES MICROGLIALES

Les cellules microgliales ont principalement été identifiées suite aux travaux de Del Rio-Hortega au début du 20ème siècle (Del Rio Hortega, 1932). Ces cellules représentent environs 10 % des cellules gliales totales, mais ne sont néanmoins pas uniformément réparties au sein du SNC. En effet, des travaux menés chez la souris démontrent que leur proportion peut varier de 1 % (de la substance grise) à plus de 15 % (bulbe rachidien) en fonction des structures du SNC (Lawson *et al.*, 1990; Mittelbronn *et al.*, 2001).

Les cellules microgliales, souvent qualifiées de Mφ du SNC, de part leurs fonctions (e.g. phagocytose, présentation antigénique) et leur phénotype (e.g. CD11b, CD45), font l'objet de nombreuses études, aussi bien concernant leurs origines que sur leurs implications dans les mécanismes immunologiques au sein du SNC.

III-1) Origines des cellules microgliales

L'origine de la microglie est un sujet qui intéresse de nombreux neuro-immunologistes. Si les années 1990 ont vu s'établir le concept d'une origine neuro-ectodermique des cellules microgliales, suite à de rares observations de l'expression de marqueurs d'astrocytes et d'oligodendrocytes par celles-ci (Fedoroff & Hao, 1991; Fedoroff *et al.*, 1997), celui-ci est désormais devenu désuet.

Sachant que, durant l'embryogénèse, des cellules caractérisées par l'expression de marqueurs de macrophages et de microglie amiboïde (MOMA-1[+] « Monocyte / Macrophage Marker 1 », CD11b[+] et F4/80[+]) infiltrent le parenchyme nerveux (de Groot *et al.*, 1992), et que les souris Pu.1 déficientes, caractérisées par l'absence de cellules myéloïdes, ne possèdent pas de cellules microgliales (McKercher *et al.*, 1996), l'hypothèse d'une origine mésodermique et plus précisément myéloïde s'impose.

Des précurseurs du mésoderme localisés au sein du sac vitellin ont été retrouvés au sein du parenchyme cérébral chez des souris embryonnaires et adultes (Alliot *et al.*, 1991). Ces précurseurs sont caractérisés par l'expression des marqueurs CD11b (MAC-1), CD34 et B220 (Davoust *et al.*, 2006), par leur sensibilité au M-CSF (Walker *et al.*, 1995) et au GM-CSF (Kanzawa *et al.*, 2000), et leur capacité à se différencier en cellules microgliales (Alliot *et al.*, 1999; Davoust *et al.*, 2006). Ces précurseurs mésodermiques issus du sac vitellin envahissent des sites spécifiques du cerveau embryonnaire et colonisent, avant la formation de la BHE, l'ensemble du parenchyme nerveux (Alliot *et al.*, 1991; Kaur *et al.*, 2001a; Rezaie & Male, 2002; Hess *et al.*, 2004b; Davoust *et al.*, 2008a; Prinz & Mildner, 2011). De là, ces précurseurs donneraient naissance à des cellules microgliales fœtales amiboïdes, impliquées dans le remodelage du tissus nerveux, puis, après la naissance, à des cellules microgliales quiescentes, aux fonctions d'immunosurveillance.

Ces données suggèrent donc que les cellules microgliales seraient issues de précurseurs myéloïdes distincts des progéniteurs hématopoïétiques (Lichanska *et al.*, 1999; Ransohoff & Cardona, 2010). Néanmoins, certains travaux démontrent aussi que l'origine de la microglie peut aussi être associée à des précurseurs sanguins et/ou de la moelle osseuse ayant infiltré le parenchyme nerveux (Ginhoux *et al.*, 2010). Cette hypothèse a été émise suite à de nombreuses observations et notamment le fait que la présence de cellules microgliales pouvait être induite dans des souris Pu.1$^{-/-}$ suite à une injection de moelle osseuse issue de souris wt (« wildtype ») (Beers *et al.*, 2006). De plus, le développement de souris chimériques démontre aussi l'existence d'un faible, mais non-négligeable, taux de cellules microgliales présentant les caractéristiques de la moelle greffée (Kennedy & Abkowitz, 1997; Streit, 2001; Chan *et al.*, 2007b; Prinz & Mildner, 2011). Enfin, il a été démontré que suite à une lésion au sein du SNC de nombreuses cellules myéloïdes périphériques pouvaient infiltrer le SNC et que, après la résolution de l'inflammation, ces cellules acquerraient des caractéristiques morphologiques et phénotypiques identiques à celles des cellules microgliales (Ransohoff & Cardona, 2010). Ces travaux suggèrent que la nature même des cellules microgliales est due à la pression de son environnement.

L'ensemble de ces données implique que la microglie possède des origines variées, pouvant peut être expliquer qu'une certaine hétérogénéité ait été observé au sein de cette population (Ransohoff & Cardona, 2010; Kettenmann *et al.*, 2011) (Fig 7). En effet, la culture sur agar de cellules microgliales issues de souriceaux, conduit à l'obtention de clones cellulaires morphologiquement, phénotypiquement et fonctionnellement distincts (Moore *et al.*, 1992; Askew *et al.*, 1996). D'autres travaux ont aussi montrés, d'une part, qu'un anticorps anti-kératane sulfate (épitope 5D4) permettait de distinguer *in situ* deux populations de cellules microgliales dans le parenchyme nerveux du rat

(Bertolotto *et al.*, 1998) et, d'autre part, que des clones de cellules microgliales possédaient une capacité de présentation antigénique différentes (Walker *et al.*, 1995).

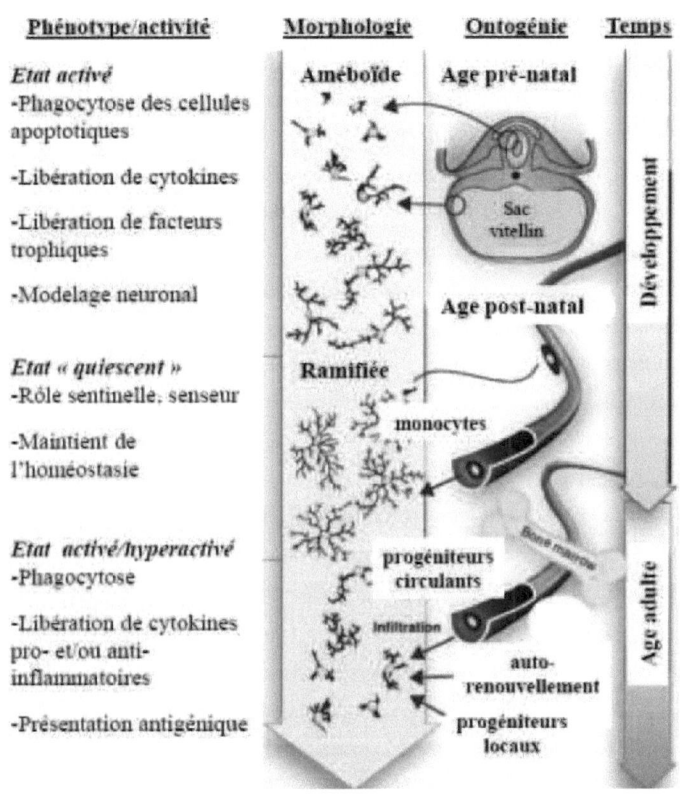

Figure 7 | Représentation schématique de l'origine, du phénotype et de la morphologie de la microglie durant le développement et à l'âge adulte (Soulet et Rivest 2008).

III-2) Plasticité des cellules microgliales

III-2-1) Différences entres cellules microgliales néonatales et adultes

Chez le fœtus et jusqu'aux premiers jours après la naissance (environs 7 jours pour les souris), les cellules microgliales présentent une forme plutôt amiboïde et sont caractérisées par d'importantes capacités de prolifération et de phagocytose. Ces cellules microgliales participeraient

28

au développement du tissu nerveux, notamment en éliminant les débris cellulaires (Ferrer *et al.*, 1990), mais aussi en induisant l'apoptose de certaines cellules nerveuses afin de réguler la formation des réseaux neuronaux (Frade & Barde, 1998; Marin-Teva *et al.*, 2004; Wakselman *et al.*, 2008) et en participant à la vascularisation du SNC (Pennell & Streit, 1997). La microglie fœtale se distingue phénotypiquement de la microglie adulte notamment par l'expression de récepteurs aux LDL (« low-density lipoprotein »), de récepteurs d'épuration (SR « scavenger receptor ») (Giulian & Baker, 1986; Husemann *et al.*, 2002), et de différentes molécules impliquées dans la présentation antigénique (e.g. CD80, CD86, CMH cl II) (Beauvillain *et al.*, 2008).

Chez l'adulte, la microglie quiescente est caractérisée par une expression quasi indétectable des molécules du CMH cl I, de CMH cl II, et des facteurs de costimulations CD80 et CD86 (Beauvillain *et al.*, 2008). Elle présente une morphologie ramifiée (Gehrmann *et al.*, 1995; Vilhardt, 2005) et grâce à ses prolongements, elle sonde constamment le milieu environnant (Nimmerjahn *et al.*, 2005; Ransohoff & Cardona, 2010). Suite à la moindre perturbation (e.g. infection, dommage neuronal), les cellules microgliales adultes s'activent rapidement. Elles vont alors migrer sur le site de la lésion, tout en acquérant une capacité de prolifération intense (Ladeby *et al.*, 2005; Graeber, 2010), et subirent d'importants changements phénotypiques (Ponomarev *et al.*, 2006a): leurs prolongements s'épaississent et se raréfient tandis que leurs corps cellulaires s'hypertrophient. A ce stade, les cellules microgliales expriment de façon accrue le complexe CD11b/CD18 et le CD45, ainsi que de nombreuses molécules de surface impliquées dans la présentation antigénique (e.g. CMH Cl I, CMH cl II, CD80, CD86). De plus, elles pourront sécréter des cytokines pro- et anti-inflammatoires (e.g. IL-6, IL-12, IL-10, TGFβ), des facteurs neurotrophiques et cytotoxiques (e.g. NO, TNFα). Si la perturbation engendre une dégénérescence ou une mort neuronale, la microglie devient alors hyperactive, et, tout en conservant les propriétés du stade précédent, elle acquiert une morphologie amiboïde et un pouvoir de phagocytose intense. Ce stade d'activation étant maximal et irréversible, la microglie sera éliminée par un mécanisme d'apoptose lors du retour à l'état normal du SNC (Jung *et al.*, 2005).

III-2-2) Différences entres cellules microgliales et autres CPA

III-2-2-1) Les cellules microgliales et les macrophages

Lors d'une perturbation au sein du SNC, des Mφ peuvent infiltrer le tissu cérébral et participer aux réactions immunitaires. Parmi ces Mφ, il a été identifié les Mφ périphériques, issus du système immunitaire périphérique circulant, les Mφ périvasculaires, présents au niveau de la lame basale des vaisseaux sanguins irrigant les SNC, les Mφ des méninges et les Mφ des plexus choroïdes (Ford *et al.*, 1995a; David & Kroner, 2011) (Fig 8).

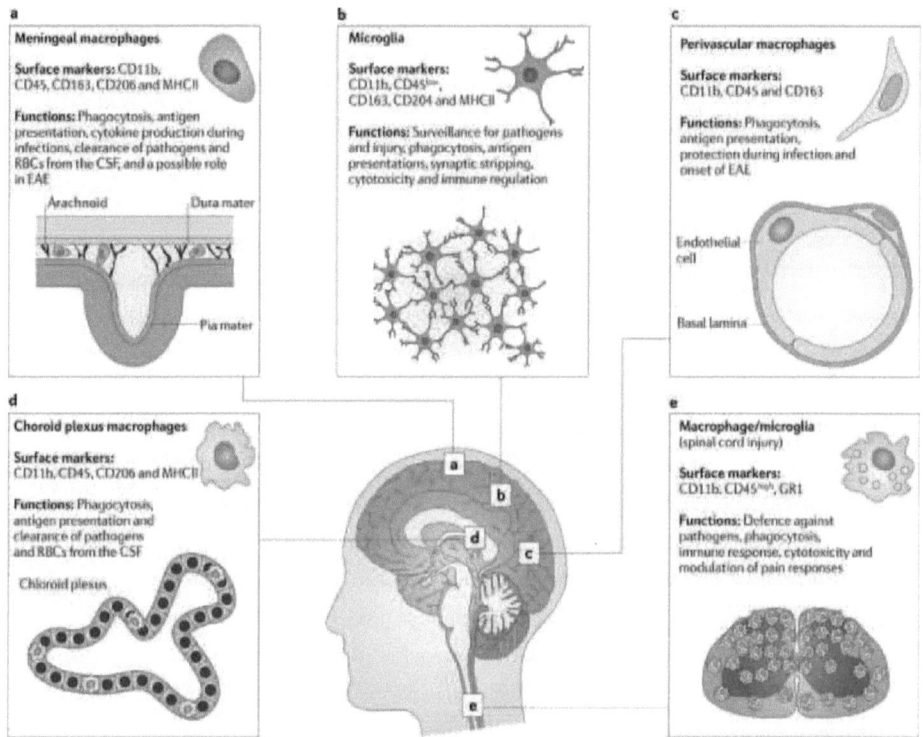

Figure 8 | Présentation des principaux marqueurs phénotypiques et des principales fonctions des cellules microgliales et des Mφ associés au SNC, dans un cerveau sain (a-d) ou avec une lésion (e). Suite à une lésion la morphologie et le phénotype de ces cellules évoluent et ne permettent plus de les différencier. Légende : CSF, liquide céphalo-rachidien ; EAE, encéphalomyélite autoimmune expérimentale ; RBCs, globules rouge. (David & Kroner, 2011)

Ces populations de Mφ, très similaires et notamment caractérisées par l'expression des marqueurs CD11b, CD45 et CMH cl. II (Ford *et al*., 1995a; Thomas, 1999; David & Kroner, 2011), se distinguent essentiellement des cellules microgliales quiescentes par une expression plus forte du CD45 ainsi que par l'expression du CD163 (reconnu par l'anticorps ED2) chez l'homme (Graeber *et al*., 1989; Fabriek *et al*., 2005), et du récepteur au mannose chez la souris (Galea *et al*., 2005). Néanmoins, suite à leur activation, les cellules microgliales acquièrent des caractéristiques phénotypiques qui ne permettent plus de les différencier des macrophages avec les marqueurs actuellement disponibles (Donnou *et al*., 2005a; Kim & Joh, 2006). Ainsi, les études portant sur des perturbations au sein du SNC associent généralement les cellules CD11b$^+$ à une population hétérogène de cellules microgliales/macrophagiques.

Les cellules microgliales et les macrophages présentent de grandes similitudes fonctionnelles (e.g. phagocytose, présentation de l'antigène). Aussi, il est actuellement difficile d'associer un phénomène immunitaire observé au sein du SNC à l'une ou l'autre de ces populations cellulaires. Toutefois, des travaux de recherche tentent de développer des modèles d'étude permettant cette discrimination, tels que le développement de souris chimériques (Davoust *et al*., 2008a). Dans ce modèle, des animaux subissent une irradiation complète, exceptée la tête, afin d'éliminer les cellules de la moelle osseuse et donc les progéniteurs de l'ensemble des cellules du système immunitaire. Ensuite, ces animaux reçoivent une greffe de cellules de moelle osseuse issues d'un animal possédant une caractéristique phénotypique, telle que l'expression de la GFP (« green fluorescent protein »), permettant de discriminer les cellules du receveur et du donneur. Les cellules du donneur vont ainsi rapidement coloniser la moelle osseuse des animaux receveurs et donc donner naissance à de nouvelles cellules immunitaires identifiables. Ces modèles d'étude ont montré ainsi que des cellules CD11b$^+$ de type microgliales et possédant les caractéristiques des cellules du donneur, faisaient leur apparition au sein du SNC deux à trois mois après la greffe (Furuya *et al*., 2003; Djukic *et al*., 2006), renforçant ainsi l'idée d'une origine hématopoïétique des cellules microgliales (cf. ''III-1) Origine des cellules microgliales''). De plus, suite à une lésion au sein du SNC, de nombreuses cellules ayant pour origine les cellules du donneur font leur apparition dans le parenchyme cérébral et, après résolution de l'inflammation, acquièrent un phénotype identique des cellules microgliales (Simard & Rivest, 2004b; Davoust *et al*., 2008a). Il est ainsi envisageable que, sous la pression de l'environnement du parenchyme cérébral, les cellules myéloïdes se différencient en cellules microgliales, ce qui renforce encore l'idée d'une forte hétérogénéité de la population microgliale (Ransohoff & Cardona, 2010). Néanmoins, ces données indiquent que ce modèle d'étude ne permet pas de discriminer d'un point de vu fonctionnel les macrophages et les cellules microgliales. De plus, Furuya et ses collaborateurs ont démontré que, un mois après la mise en place d'un modèle de souris chimères basé sur une irradiation de 10 Gy, 15 %

des cellules de la moelle osseuse possédaient les caractéristiques de l'animal receveur (Furuya *et al.*, 2003). Si une irradiation de la tête de l'animal, même partielle, permet de réduire ce taux à environ 5 %, cela implique aussi un recrutement de cellules de donneur au sein du parenchyme cérébral qui pourront acquérir les caractéristiques des cellules microgliales (Furuya *et al.*, 2003; Simard & Rivest, 2004b). Enfin, ce type de procédure, qui peut être délétère pour l'animal en induisant un risque de développement de tumeur (Mildenberger *et al.*, 1990a) ainsi que des dysfonctionnements neuronaux (Monje *et al.*, 2002b), n'affecte pas les macrophages périvasculaires. Il semble ainsi que ce modèle d'étude ne permette pas totalement de discriminer les cellules microgliales et les macrophages.

C'est dans ce contexte que Van Rooijen et ses collaborateurs ont développé la technique du « suicide des macrophages » (van Rooijen *et al.*, 1997). Celle-ci repose sur l'injection au niveau des ventricules cérébraux de liposomes contenant du clodronate. Cet agent est un acide bisphosphonique qui va induire l'apoptose de la cellule qui l'internalise. Donc, seules les cellules phagocytaires périvasculaires (e.g. macrophages), qui sont donc capables de capturer les liposomes, vont pouvoir être affectées par cette approche, mais pas les autres cellules au sein du SNC (e.g. neurones, astrocytes, épendymocytes, oligodendrocytes). Une autre caractéristique de cette approche repose sur le fait que les liposomes ne diffusent pas au sein du parenchyme cérébral. Ainsi, les cellules phagocytaires intra-parenchymateuses, et donc les cellules microgliales, ne sont pas affectées par cette technique (van Rooijen *et al.*, 1997; Polfliet *et al.*, 2001; van Rooijen & Hendrikx, 2010). Néanmoins, ce protocole n'évite pas le recrutement de macrophages périphériques lors d'une perturbation au sein du SNC et ne permet donc pas de déterminer avec précision les différentes activités des cellules microgliales *in vivo* en conditions pathologiques.

III-2-2-2) Les cellules microgliales et les cellules dendritiques

Les cellules dendritiques (CD) sont les principales CPA de l'organisme. Très présentes au niveau des zones de contact avec l'extérieur (e.g. peau, muqueuses, intestin), qui représentent des endroits-clefs dans la lutte contre les infections, les CD sont dotées de nombreuses caractéristiques leur permettant de remplir leur rôle d'initiation de la réponse immunitaire spécifique (Banchereau & Steinman, 1998). Si à l'état immature, les CD expriment faiblement les molécules impliquées dans les mécanismes de présentation antigénique, elles sont aussi caractérisées par l'expression de nombreux récepteurs d'activation, tels que des récepteurs de l'immunité innée (e.g TLR, récepteurs d'épuration) et des récepteurs aux cytokines (e.g. IL-12R, récepteurs aux interférons), ainsi que par une activité d'endocytose importante (Banchereau *et al.*, 2000; Lande & Gilliet, 2010; Watts *et al.*,

2010). De ce fait, les CD vont être aptes à capturer un antigène et, si ce phénomène s'accompagne de la présence de signaux de danger (e.g. PAMPS, cytokines pro-inflammatoires), elles vont pouvoir entrer dans un processus de maturation. Dans ce cas, les CD vont migrer vers les ganglions lymphatiques drainant grâce à l'expression de différents récepteurs aux chemokines (e.g. CCR-1, CCR-3, CCR-7) (Sato et al., 1999; Banchereau et al., 2000; Riol-Blanco et al., 2005; Sanchez-Sanchez et al., 2006; Lande & Gilliet, 2010), acquérir une morphologie caractérisée par la présence de nombreux prolongements, et surexprimer les molécules impliquées dans les mécanismes de présentation antigénique (e.g. CMH cl II, CD40, CD80, CD86) (Amigorena & Bonnerot, 1999; Banchereau et al., 2000). Ainsi transformées, les CD vont pouvoir présenter l'antigène et ainsi permettre l'activation des lymphocytes T CD4[+] et/ou T CD8[+] (Rock & Shen, 2005). De plus, les CD vont aussi sécréter de nombreuses cytokines (e.g. IL-2, IL-10, IL-12, IFNγ) permettant d'orienter et de réguler la réponse immune (Banchereau et al., 2000).

Même si les CD sont absentes du parenchyme cérébral (Matyszak & Perry, 1996; Serot et al., 1997; Serot et al., 2000), des études rapportent la présence de CD au sein du parenchyme cérébral lors de pathologies telles que l'ischémie cérébrale (Reichmann et al., 2002b), des infections par le bacille de Calmette-Guérin (Matyszak & Perry, 1996) ou par Toxoplama gondii (Fischer et al., 2000), ou encore au cours de maladies auto-immunes comme l'EAE (Fischer & Reichmann, 2001a). Il est ainsi suggéré que les CD pourraient participer aux mécanismes immunitaires se déroulant au sein du SNC. L'origine de ces CD n'est pas clairement établie, néanmoins plusieurs pistes sont explorées. Ainsi, ces cellules pourraient être des CD périphériques circulantes, ou encore situées au niveau des zones de contact avec le liquide céphalo-rachidien (LCR) (e.g. méninges, plexus choroïdes), qui migrent au sein du parenchyme nerveux. Une autre hypothèse suggère que ces CD sont issues de précurseurs myéloïdes situés au niveau des plexus choroïdes qui sont capables de se différencier aussi bien en cellules de type microgliales/macrophagiques que dendritiques (Nataf et al., 2006). De façon similaire, d'autres auteurs suggèrent que, suite à une perturbation, des monocytes sanguins infiltrent le SNC au sein duquel ils vont se différencier en CD (Newman et al., 2005).

Une dernière hypothèse est que ces CD sont issues de la différenciation des cellules myéloïdes résidentes du SNC, les cellules microgliales. En effet, il a été observé in vitro que des cellules microgliales néonatales et adultes cultivées en présence de GM-CSF acquéraient une morphologie proche de celle des CD ainsi que l'expression du marqueur CD11c caractéristique de CD (Fischer & Bielinsky, 1999; Fischer et al., 2000; Fischer & Reichmann, 2001a; Ponomarev et al., 2005a). Ces cellules sont dotées d'une capacité de présentation antigénique, similaire à celle des CD périphériques, pouvant être augmentée par des signaux de danger (e.g. IFNγ, TNFα, LPS « lipopolysaccharide ») ou diminuée par des facteurs anti-inflammatoires (e.g. TGFβ)

(Santambrogio *et al.*, 2001; Xiao *et al.*, 2002). Elles peuvent ainsi d'une part activer efficacement les LT CD4[+] et, d'autre part, induire leur polarisation vers un profil Th1 (cf. "III-4-2-1) Présentation antigénique conventionnelle") (Fischer & Reichmann, 2001a),

III-3) Activation des cellules microgliales
III-3-1) Présentation des TLRs

L'activation des CPA peut être induite par de nombreux facteurs, tels que des cytokines pro-inflammatoires (e.g. TNFα, IFNγ), mais aussi par des molécules microbiennes faisant intervenir les récepteurs de l'immunité innée appelés PRR (Gordon, 2002; Delneste *et al.*, 2007).

Les PRR englobent d'une part les PRR solubles ou opsonines (e.g. CRP, SAP, PTX3) qui facilitent l'élimination par phagocytose des micro-organismes, d'autre part les PRR d'endocytose tels que les récepteurs d'épuration (« scavenger receptor ») (Peiser *et al.*, 2002b) et les lectines de type C (e.g. DC-Sign) (Cambi *et al.*, 2005) impliqués dans la reconnaissance et l'internalisation des micro-organismes, et enfin les PRR de signalisation. Ce dernier type de PRR regroupe les NLR (« Nod-like receptors ») (Girardin *et al.*, 2003a; Girardin *et al.*, 2003b; Philpott & Girardin, 2010), les RLRs (« RIG-I-like receptors ») (Yoneyama *et al.*, 2005; Loo & Gale, 2011) et les TLR (« Toll-like receptor ») (Barton & Kagan, 2009; Zhu & Mohan, 2010) qui jouent un rôle prépondérant dans l'activation des cellules de l'immunité innée (Delneste *et al.*, 2007).

Les TLR sont des récepteurs de l'immunité innée initialement décrit chez la drosophile (Hashimoto *et al.*, 1988), très conservés dans l'évolution et fortement impliqués face aux infections (Lemaitre *et al.*, 1996). Actuellement 13 TLR différents ont été identifiés, dont 10 sont présents chez l'homme et 12 chez la souris (Fig 9) (Medzhitov *et al.*, 1997; Kawai & Akira, 2008; Cario, 2010). Ces récepteurs permettent la reconnaissance de motifs communs à des procaryotes appelés PAMPs (« pathogen-associated molecular patterns ») (Akira *et al.*, 2001; Janeway & Medzhitov, 2002b) dont les mieux identifiés sont des glycolipides ou des lipopeptides de la paroi (e.g. LPS ligand du TLR 4, peptidoglycane ligand du TLR 2) et des flagelles bactérien (e.g. flagellin ligand du TLR 5), ainsi que des ADN et ARN bactériens ou viraux (e.g. oligodeoxynucleotides à motif CG non-méthylé (CpG-ODN), ligand du TLR 9) (Cario, 2010). Appartenant à la super-famille des récepteurs à l'interleukine 1 (O'Neill, 2008), les TLR sont caractérisés par une structure homo-dimérique (e.g. TLR 2, 3, 7, 8, 9) ou hétéro-dimérique (e.g. TLR 1/2, 2/6). Les TLR sont des récepteurs transmembranaires associés pour la plupart à la membrane plasmique, excepté les TLR 3, 7, 8 et 9 qui sont situés à la membrane de l'endosome et/ou du lysosome (Delneste *et al.*, 2007).

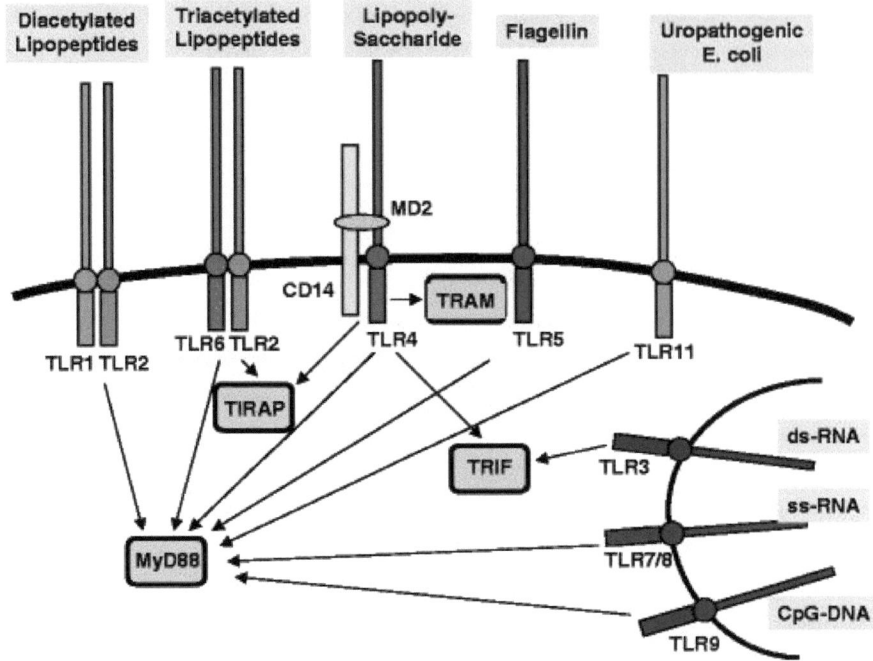

Figure 9 : Représentation schématique des TLR et de leurs principaux ligands. (Terjung & Spengler, 2009).

LES TLR sont caractérisés par la présence d'un domaine LRR (« leucine-rich repeat motifs »), riche en leucine, et par le domaine de signalisation TIR (« Toll-interleukin-1 receptor »). Ce domaine, notamment commun aux familles de récepteurs à l'IL-1, l'IL-18 et l'IL-33, est indispensable à la fonction des TLR. Globalement, la stimulation des TLR par leur ligand, à l'exception du TLR3, va induire l'activation de la voie de signalisation MyD88 (Fig 10), impliquant le recrutement et l'activation des kinases IRAK 1 et 4 (« Interleukin-1 receptor-associated kinase ») puis de la molécule TRAF6 (« TNF receptor-associated factor 6 ») et conduisant finalement à l'activation du facteur de transcription NF-κb (Akira, 2004; Akira & Takeda, 2004; Beutler *et al.*, 2006; Kumar *et al.*, 2009). Le TLR4 (en plus de cette voie "MyD88 dépendante") et le TLR3 vont emprunter une voie faisant intervenir la molécule TRIF (« TIR-domain-containing adapter-inducing interferon ») et conduisant à l'activation du facteur de transcription IRF3 (« Interferon regulatory factor 3 ») (Moynagh, 2005; Kenny & O'Neill, 2008).

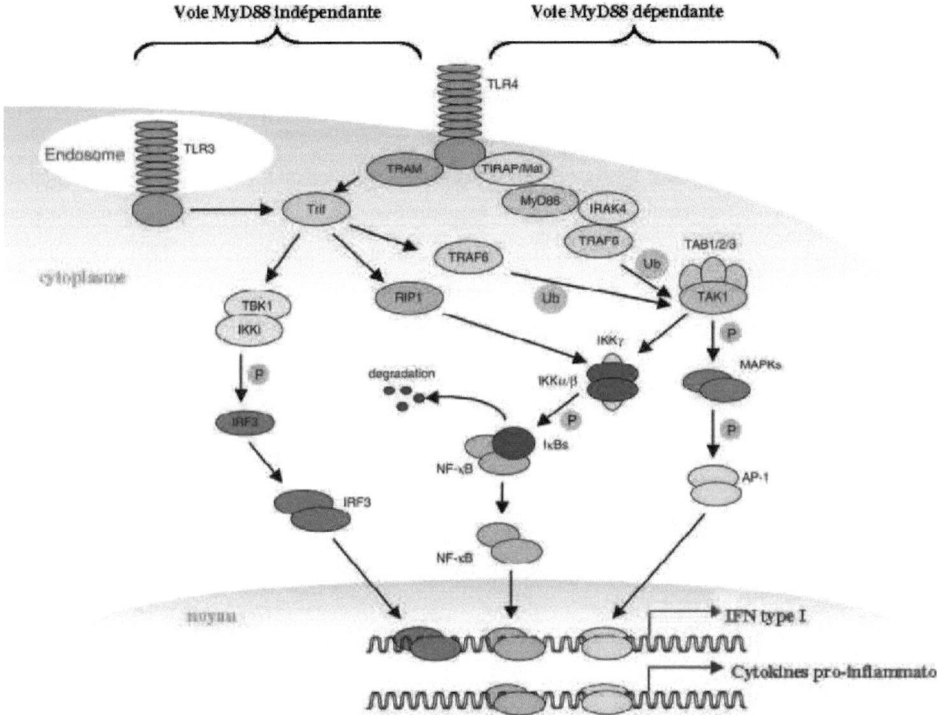

Figure 10 : Représentation schématique des voies de signalisation induites par l'activation des récepteurs TLR. (Kawai & Akira, 2006).

Bien que tous les TLR ne soient pas exprimés par les cellules de l'organisme, de nombreuses cellules expriment ces récepteurs. Ainsi, la stimulation, via les TLR, des fibroblastes, des cellules épithéliales ou encore des cellules endothéliales, peut induire la production de cytokines pro-inflammmatoires (e.g. IFNγ, l'IL-6 et l'IL-8) ainsi que la production de molécules d'adhérence permettant le recrutement et la migration des cellules immunitaires (Abreu *et al.*, 2001; Delneste *et al.*, 2007). D'autre part, la stimulation par les TLR favorise l'activité cytotoxique des cellules de l'immunité innée en induisant par exemple la sécrétion de molécules antimicrobiennes (e.g. défensine) et de cytokines pro-inflammatoires tels que l'IFNγ, l'IL-6 et l'IL-8 pour les cellules NK (Chalifour *et al.*, 2004; Sivori *et al.*, 2004), le TNFα pour les éosinophiles (Nagase *et al.*, 2003), et en favorisant l'activité phagocytaire des macrophages. Concernant les cellules de l'immunité

36

adaptative, les ligands des TLR agissent majoritairement comme des facteurs de potentialisation, en favorisant l'activation des lymphocytes B (Nagai *et al.*, 2002; Pasare & Medzhitov, 2005; Ruprecht & Lanzavecchia, 2006) et la prolifération et la production de cytokines (e.g. IFNγ) pour les lymphocytes T (Komai-Koma *et al.*, 2004; Caron *et al.*, 2005).

Finalement, il semblerait que les CPA, et en particulier les cellules dendritiques, soient les cellules les plus affectées par les ligands des TLR. Ainsi, la stimulation d'une CPA par un ligand des TLR permettrait sa maturation et induirait la production de cytokines pro-inflammatoires (e.g. IL-12, IL-1, TNFα, IFNγ), de chimiokines et des agents cytotoxiques (e.g. NO). De plus, l'expression de molécules impliquées dans la présentation antigénique (e.g. CHM cl I, CMH cl II, CD80, CD86, CD40), permettant ainsi l'activation des cellules de l'immunité adaptative (e.g. lymphocytes T CD4$^+$ et CD8$^+$), est également augmenté en réponse à une telle stimulation (Blanco *et al.*, 2008; Schreibelt *et al.*, 2010).

III-3-2) Activation des cellules microgliales par les TLRs

Les cellules microgliales néonatales sont caractérisées par l'expression constitutive de nombreux récepteurs d'épuration (« scavenger receptors ») (e.g. SR-A, SR-BI, CD36, RAGE « receptor for advanced glycation end products », LRP « low density lipoprotein receptor-related protein », MARCO « macrophage receptor with collagenous structure ») (Alarcon *et al.*, 2005) permettant ainsi de reconnaître et d'éliminer diverses bactéries, cellules apoptotiques et autres substances (e.g. peptide amyloïde bêta impliqué dans la maladie d'Alzheimer) (Platt *et al.*, 1996; El Khoury *et al.*, 1998; Platt *et al.*, 1999; Husemann *et al.*, 2002; Peiser *et al.*, 2002a; Peiser *et al.*, 2002b; Mukhopadhyay & Gordon, 2004). Si certains de ces récepteurs ne sont plus exprimés par la microglie adulte quiescente (e.g. SR-A et SR-BI), ils sont néanmoins ré-induits après l'activation. La reconnaissance de leurs ligands par ces récepteurs est essentiellement caractérisée dans des pathologies neurodégénératives telle que la maladie d'Alzheimer (Husemann *et al.*, 2002; Yang *et al.*, 2011) et peut conduire à la production de réactifs oxygénés (Husemann *et al.*, 2002), ainsi qu'à des modifications morphologiques des cellules microgliales (Granucci *et al.*, 2003).

Par ailleurs, les cellules microgliales expriment constitutivement des TLR de 1 à 9 (Bsibsi *et al.*, 2002; Lee & Lee, 2002; Olson & Miller, 2004; Jack *et al.*, 2005). La stimulation des cellules microgliales murines par certains ligands des TLR conduit à l'activation des cellules microgliales. Celle-ci se traduit par la sécrétion de nombreuses cytokines (e.g. IFNα, IFNβ, IL-1β, IL-6, IL-10, IL-12, IL-18, TNFα), de chimiokines (e.g. MIP-1a « macrophage-inflammatory protein-1a », MCP-

1 « monocyte chemotactic protein-1 », RANTES « regulated upon activation, normal T-cell expressed, and secreted »), et de réactifs oxygénés. De plus, les cellules microgliales activées vont surexprimer plusieurs molécules de surface impliquées dans la présentation antigénique (e.g. CD80, CD86, CD40, CMH cl I, CMH cl II) et dans la migration (ICAM-1) (Olson & Miller, 2004; Lehnardt, 2010).

III-3-3) Autres mécanismes d'activation des cellules microgliales

La microglie est aussi sensible à plusieurs cytokines (e.g. TNFα, IL-1, IFNγ) (Hu *et al.*, 1999; Badie *et al.*, 2000). De telles stimulations conduiront à favoriser l'activité de phagocytose (via la sur-expression de récepteurs du complément), la production de cytokines pro-inflammatoires (e.g. TNFα ou l'IL-6) et de réactifs oxygénés, leur potentiel migratoire (e.g. expression de ICAM-1), et enfin, leur capacité de présentation antigénique (Suzumura *et al.*, 1987; Williams *et al.*, 1994; Satoh *et al.*, 1995; Kempermann & Neumann, 2003; Takeuchi *et al.*, 2006).

De plus, certains facteurs de croissance (e.g. M-CSF, GM-CSF) favorisent la prolifération des cellules microgliales, mais semblent aussi induire des modifications morphologiques et phénotypiques. Ainsi, plusieurs travaux font état qu'une stimulation au GM-CSF favorise l'augmentation des capacités de présentation antigénique des cellules microgliales (Fischer *et al.*, 1993; Aloisi *et al.*, 2000a; Re *et al.*, 2002a), et leur permet aussi d'acquérir une morphologie et un phénotype proche de celui des CD (e.g. expression du CD11c) (Fischer & Reichmann, 2001a; Reichmann *et al.*, 2002b; Platten & Steinman, 2005a; Ponomarev *et al.*, 2005a).

Parmi les autres stimuli permettant l'activation des cellules microgliales, les mieux caractérisés sont les récepteurs au complément (e.g. CR1, CR3), favorisant la capacité de phagocytose (Kato *et al.*, 1996; Ehlers, 2000; Rotshenker, 2003), l'albumine, favorisant la prolifération cellulaire ainsi que la présence de calcium intracellulaire dans les cellules microgliales (Hooper *et al.*, 2005), et également de nombreux neurotransmetteurs tels que le glutamate (Ransohoff & Perry, 2009; Ben Achour & Pascual, 2010).

III-3-4) Polarisation type M1 et M2

A l'instar de la polarisation Th1/Th2 des LT CD4$^+$ (cf. "III-4-2-1) Présentation antigénique conventionnelle"), le concept de polarisation des macrophages en type M1 (immunostimulateurs) et M2 (immunosuppresseurs) a fait son apparition (Pollard, 2009; Kou & Babensee, 2010).

Les Mφ de type M1 peuvent être obtenus par différenciations des monocytes en présence de diverses stimulations telles que des cytokines pro-inflammatoire (e.g. TNF) (Kato *et al.*, 1989), des lipoprotéines (e.g. LPS) (Hutchings *et al.*, 2009) ou acides nucléiques d'origine bactérienne (Stacey *et al.*, 2000), et autres signaux de dangers (e.g. acide hyaluronique, HMGB1 « high mobility group box 1 », fragment de fibronectine, HSP « heat shock proteins ») (Zhang & Mosser, 2008). Ces Mφ, qui orientent la réponse immunitaire vers un profil Th1, sont caractérisés par la sécrétion de nombreuses cytokines pro-inflammatoires (e.g. TNFa, IFNg, IL-1b, IL-12, IL-23) (Verreck *et al.*, 2004; Kou & Babensee, 2010), de NO et de dérivés oxygénés (Zingarelli *et al.*, 1996; MacMicking *et al.*, 1997).

Les Mφ de type M2 regroupent les M2a (dit alternatifs), induits après différenciation en présence d'IL-4 et/ou d'IL-13 (Villalta *et al.*, 2009), les M2b (dit de type II), issus d'une stimulation par le LPS et présence de complexe immuns ou par l'IL-1 associé au agonistes des TLR (Gerber & Mosser, 2001), les M2c (dit désactivés), générés par l'IL-10 (Mantovani *et al.*, 2002; Mantovani *et al.*, 2004), et les M2d induit par une stimulation à l'IL-6 et/ou au LIF (« leukemia inhibitory factor ») (Duluc *et al.*, 2007). Les Mφ de type M2 se démarquent des M1 notamment par un phénotype IL-12/23^{low} et IL-10^{high}, leur capacité à orienter la réponse immunitaire vers une voie Th2 (Kou & Babensee, 2010), un fort pouvoir de phagocytose, mais aussi par leur capacité à stimuler la cicatrisation, l'angiogénèse et le remodelage des tissus (Duffield, 2003).

Etant donné que la microglie est souvent associée aux macrophages du SNC, il a été suggéré que les cellules microgliales pouvaient être polarisées vers des phénotypes de type M1 ou M2. Ainsi, de récentes études ont montrées que des stimulis pro-inflammatoires (e.g. LPS, IFNγ) orientaient les cellules microgliales vers un phénotype ressemblant aux M1, tandis que l'IL-4 et l'IL-10 conduisaient à un profil plutôt de type M2 (Michelucci *et al.*, 2009). La caractérisation phénotypique ainsi que les conséquences fonctionnelles de ces différentes polarisations des cellules microgliales restent actuellement mal définies, néanmoins ces données suggèrent que les cellules microgliales sont aptes à adapter leur activation et la réponse immunitaire en fonction de la perturbation rencontrée.

III-4) Rôle des cellules microgliales

<u>III-4-1) Rôle sentinelle</u>

Les cellules microgliales constituent un réseau unique de cellules immunes au sein du SNC et, à ce titre, jouent un rôle prépondérant dans les mécanismes immunitaires se déroulant au sein du SNC. Ainsi, les cellules microgliales assurent l'immuno-surveillance du SNC grâce à leurs nombreux prolongements qui sondent en permanence leur environnement afin d'y détecter le moindre signal de danger (Nimmerjahn *et al.*, 2005; Ransohoff & Cardona, 2010). Suite à une perturbation, les cellules microgliales, dotées de nombreux récepteurs aux chimiokines (e.g. CCR1, 2, 3, 5, 7 et 8, CXCR1, 2 3 et 4, CX3CR1), pourront migrer aisément au site de la lésion (Karpus & Ransohoff, 1998; Jung *et al.*, 2000; Ambrosini & Aloisi, 2004; Cartier *et al.*, 2005; Dijkstra *et al.*, 2006). Cette accumulation de cellules microgliales sera renforcée par leur propre prolifération en réponse au traumatisme subit (e.g. ischémie, dégénération neuronale, infection) ou encore à la présence de cytokines (e.g. IL-1β, IL-4, IFNγ) (Kim & de Vellis, 2005) et de facteurs de croissance (e.g. GM-CSF) (Suh *et al.*, 2005).

Une fois sur le site de la lésion, la capacité de phagocytose permettra aux cellules microgliales de participer à l'élimination des micro-organismes, des cellules apoptotiques ou nécrotiques, ainsi que de tout autres déchets (e.g. immunoglobulines, produits de réactions inflammatoires) (Rogers *et al.*, 2002; Garden & Moller, 2006). Si la capacité de phagocytose de la microglie néonatale est très importante et joue un rôle prépondérant lors du développement du SNC (Ferrer *et al.*, 1990), elle est relativement atténuée chez les cellules microgliales adultes quiescentes. Cependant, l'activation des cellules microgliales induit l'augmentation de l'expression de différents récepteurs (e.g. SR-A « class A scavenger receptor », CR3 « complement receptor 3 », MARCO « Macrophage receptor with collagenous structure ») favorisant cette capacité de phagocytose (Reichert & Rotshenker, 2003; Napoli & Neumann, 2009). La nature de l'élément phagocyté va par la suite orienter le devenir de la cellule microgliale. Ainsi, la phagocytose de LT apoptotiques peut conduire à l'inhibition de la prolifération lymphocytaire (Magnus *et al.*, 2001) et de l'inflammation (Chan *et al.*, 2003), tandis que la phagocytose de molécules antigéniques (e.g. myéline) peut aboutir au développement d'une réponse immunitaire (Smith, 2001; Prinz & Mildner, 2011).

Etant la principale cellule immunocompétente du parenchyme cérébral, l'activation de la microglie représente une étape cruciale dans la préservation de l'intégrité du SNC. Ainsi, les cellules microgliales sont dotées de nombreux récepteurs (e.g. PRR « pattern recognition receptor », récepteurs aux cytokines) permettant rapidement leur activation et leur implication face aux pathologies du SNC, telles que les infections bactériennes ou virales (Olson *et al.*, 2001), les ischémies cérébrales (Stoll *et al.*, 1998), ou encore de maladies neurodégénératives (Giulian, 1999; Heppner *et al.*, 2005; Ponomarev *et al.*, 2005a).

III-4-2) Rôle dans la présentation antigénique des cellules microgliales
III-4-2-1) Présentation antigénique conventionnelle

Les CPA sont les cellules à l'interface entre l'immunité innée et l'immunité adaptative permettant l'activation lymphocytaire grâce aux phénomènes de présentations antigéniques. Afin de devenir actif, un lymphocyte a besoin de trois types de signaux complémentaires. Le premier signal est dépendant de l'antigène et implique l'interaction entre, d'une part les molécules de CMH associées au peptide antigénique, et d'autre part le complexe TCR (« T cell receptor ») / CD3 des lymphocytes T. Il est classiquement convenu que les antigènes exogènes (e.g. antigènes bactériens), après avoir été endocytés par les CPA et dégradés en peptides antigéniques, seront associés aux molécules du CMH cl II et présentés aux LT CD4[+] (Harding *et al.*, 1995b; Watts, 1997a), tandis que les antigènes endogènes (e.g. antigènes viraux) sont associés aux molécules du CMH cl I et ainsi présentés aux LT CD8[+] (Fig 11) (Yewdell *et al.*, 1999; Yewdell & Bennink, 1999a).

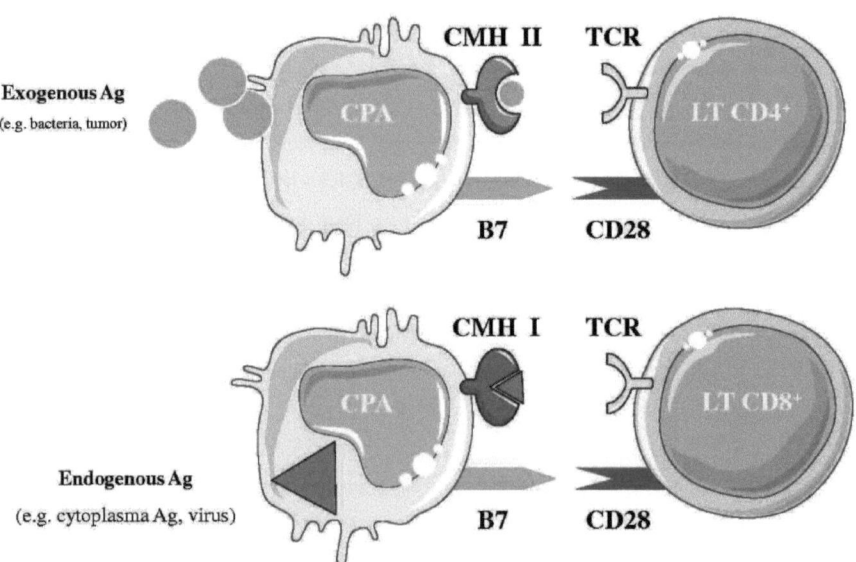

Figure 11 : Représentation schématique des voies classiques de présentation antigénique. D'après (Yang *et al.*, 2003)

41

La seule reconnaissance du signal CMH-antigène conduit à l'anergie du lymphocyte en l'absence d'un second signal dit de « costimulation ». Ce signal, qui fait intervenir des molécules de costimulation présent à la fois sur la CPA (e.g. CD80 et CD86) et sur le lymphocyte (e.g. CD28 et CTLA-4), peut néanmoins avoir des conséquences différentes sur le devenir du lymphocyte, en orientant préférentiellement ce dernier vers un profil plutôt activé et inflammatoire ou au contraire vers un profil anergique voir même tolérogène (Fig 12).

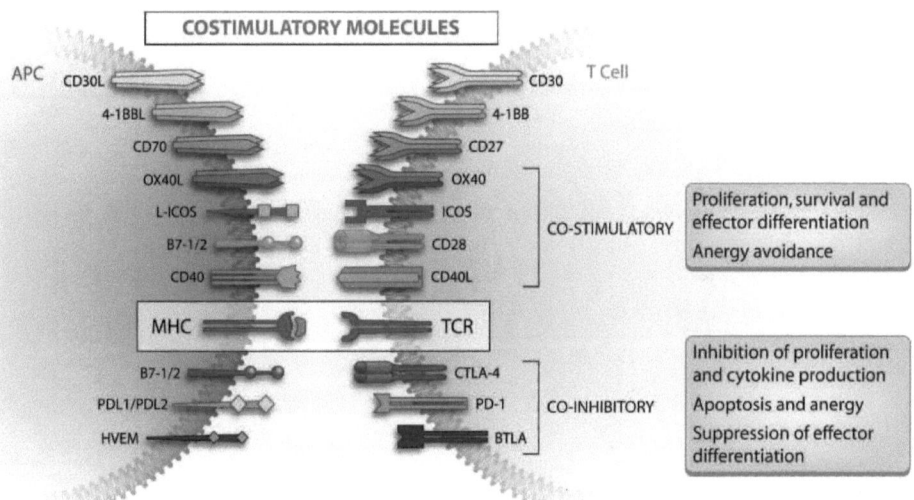

Figure 12 : Représentation schématique des principales molécules de co-stimulation. (Valujskikh & Li, 2007).

Le troisième signal impliqué dans l'activation lymphocytaire fait intervenir les messagers solubles du système immunitaire. En réponse à la présence d'un signal de danger, les cellules du système immunitaire, telles que les CPA vont pouvoir sécréter une batterie de cytokines. Celles-ci vont alors pouvoir agir sur les lymphocytes en favorisant la prolifération lymphocytaire (e.g. IL-2) et l'activité cytotoxique des LT CD8$^+$ (e.g. IFNγ), et en orientant la polarisation des lymphocytes T CD4$^+$ naïfs (Fig 13).

42

Parmi les profils les mieux décrits, nous pouvons citer les profils Th1, Th2, Treg et Th17 (Zhou *et al.*, 2009). Les lymphocytes Th1, notamment caractérisés par la sécrétion d'IFNγ et de TNFα, participent à l'immunité cellulaire contre les virus et les pathogènes intracellulaire, tandis que les lymphocytes Th2, producteurs d'IL-4, d'IL-5 et d'IL-13, jouent un rôle dans la défense contre les parasites et dans les phénomènes d'allergie. Les Treg (lymphocytes T régulateurs) possèdent, comme leur nom l'indique, une activité régulatrice (cf. ''IV-3-4-1) Les lymphocytes T régulateurs''). Enfin, les lymphocytes Th17, identifiés plus récemment, sont caractérisés par de forte sécrétion d'IL-17 et sont impliqués dans les réponses antibactérienne et fongique, ainsi que dans les maladies inflammatoires chroniques (Zhou *et al.*, 2009).

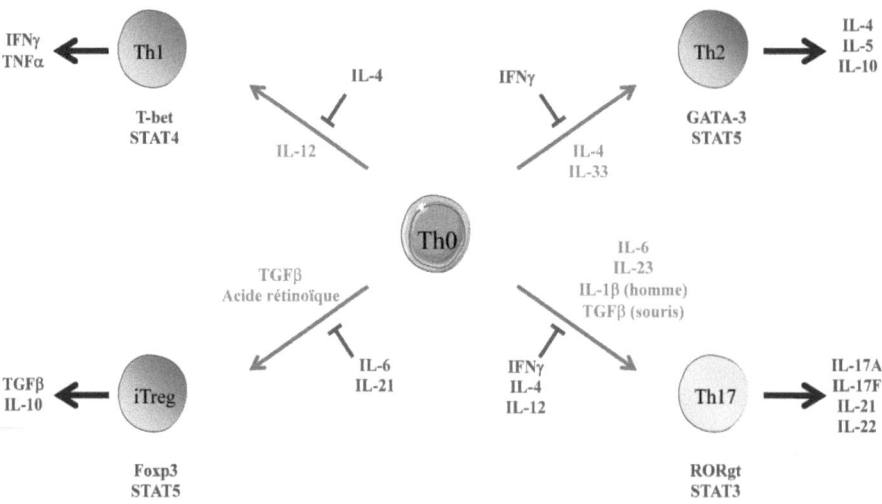

Figure 13 : Représentation schématique des principales voies de polarisation des LT CD4$^+$ (T$_{h0}$). D'après (Palmer & Weaver, 2010).

III-4-2-2) Capacité de présentation antigénique de la microglie

Les cellules microgliales adultes quiescentes n'expriment pas de façon détectable les molécules de CMH cl II, CD80 et CD86 (Havenith *et al.*, 1998; Matyszak *et al.*, 1999; Becher *et al.*, 2000; Mack *et al.*, 2003). Néanmoins, ces différentes molécules sont d'une part présentes sur les cellules microgliales néonatales, et d'autre part fortement induites sur les cellules microgliales après activation (e.g. CD40-CD40L, IFNγ) (Matyszak *et al.*, 1999; Aloisi *et al.*, 2000b; Mack *et al.*, 2003;

Ponomarev *et al.*, 2005a; Beauvillain *et al.*, 2008). Ainsi, il a été démontré que les cellules microgliales pouvaient, sous certaines conditions, permettre l'activation des lymphocytes T CD4[+] et CD8[+] (Havenith *et al.*, 1998; Fischer & Reichmann, 2001a; Watters *et al.*, 2005; Garden & Moller, 2006; Beauvillain *et al.*, 2008). Si les capacités de présentation antigénique des cellules microgliales, dans le contexte immunologique particulier du SNC, semblent plus limitées que celles des CD et même des Mφ, cela est peut être dû au fait que ces cellules nécessitent plusieurs signaux d'activations successifs (e.g. stimulation par du GM-SCF puis de l'IFNγ et du CD40-L) afin d'acquérir pleinement leurs capacités de présentation (Matyszak *et al.*, 1999; Ponomarev *et al.*, 2006a). L'implication des cellules microgliales dans l'initiation de la réponse immune au sein des organes lymphoïdes reste controversée du fait que, même si elles expriment de façon inductible le CCR7, aucune étude n'a pu montré qu'elles pouvaient migrer dans ces organes (Dijkstra *et al.*, 2006). Enfin, l'idée de l'existence de différentes sous-populations de cellules microgliales peut sous-entendre que certaines de celles-ci soient plus performantes que d'autres dans les différents mécanismes relatifs à la présentation antigénique.

III-4-3) Régulation de la réponse immunitaire par les cellules microgliales

Une autre fonction des cellules microgliales concerne la régulation de la réponse immunitaire via la sécrétion de multiples cytokines, chimiokines et autres facteurs. Ainsi, les cellules microgliales peuvent être caractérisées par les chimiokines CCL2, CXCL8, CXCL10, CCL3, CCL4, and CCL5 (D'Aversa *et al.*, 2004) qui jouent un rôle prépondérant dans le recrutement de cellules immunitaires périphériques. En fonction de leur polarisation, type M1 et M2 (cf. ''III-3-4) Polarisation type M1 et M2''), les cellules microgliales activées vont pouvoir secréter des cytokines anti-inflammatoires tels que le TGFβ (Chao *et al.*, 1995; da Cunha *et al.*, 1997), l'IL-10 (Jander *et al.*, 1998; Aloisi *et al.*, 1999) et la vitamine D3 (Neveu *et al.*, 1994c), participant à l'immunosuppression au sein du SNC, mais aussi les cytokines pro-inflammatoire tels que l'IL-1 (Davies *et al.*, 1999; Basu *et al.*, 2002), le TNFα (Kuno *et al.*, 2005), l'IL-12 (Aloisi *et al.*, 1997; Lin & Levison, 2009), l'IL-23 et l'IL-27 (Li *et al.*, 2003; Sonobe *et al.*, 2005). Ainsi, en fonction du signal de danger, les cellules microgliales pourront inhiber le système immunitaire afin d'éviter les réactions inflammatoires pouvant être délétères pour le parenchyme cérébral, ou au contraire favoriser les acteurs de la réponse immunitaire afin d'éliminer les agents responsables de la lésion.

Enfin, les cellules microgliales participent aussi à l'élimination des agents pathogènes notamment via la sécrétion de réactifs oxygénées et de monoxyde d'azote (NO). En effet, en réponse à certains stimuli (e.g. LPS), favorisant un profil plutôt type M1, la microglie va pouvoir sécréter de l'oxyde d'azote (NO) qui, même si sous la forme de NO^+ peut sembler plutôt neuroprotecteur (Lipton et al., 1993; Chiueh, 1999), peut aussi être délétère pour le tissu environnant (Chrissobolis et al., 2011).

III-4-4) Rôle des cellules microgliales dans la neuroprotection
III-4-4-1) Interactions microglie-neurones

Les interactions qui existent entre les cellules microgliales et les neurones sont diverses et variées. Ainsi, ces deux populations cellulaires peuvent interagir que ce soit par l'intermédiaire de jonctions gap (Dobrenis et al., 2005) ou encore de molécules membranaires ou solubles. Par exemple, l'interaction entre le CD200 exprimé par les neurones et son récepteur, le CD200R, présent sur les cellules microgliales limite l'activation des ces dernières (Hoek et al., 2000). De même, des facteurs solubles sécrétés par les neurones (e.g. NGF « Nerve growth factor », BDNF « Brain-derived neurotrophic factor ») vont eux limiter l'expression des molécules du CMH cl II sur la microglie (Neumann et al., 1998). L'ensemble de ces données suggère que l'activation des cellules microgliales est fortement contrôlée par les neurones (Broderick et al., 2002) et ce pour empêcher les phénomènes d'inflammation délétère pour le tissu sain. De leur coté, les cellules microgliales vont contrôler le développement des neurones. Au stade néonatal, elles participent au développement neuronal en éliminant les débris cellulaires mais aussi les neurones excédentaires par phagocytose ou autres mécanismes. A ce titre, il a été montré que la microglie était responsable de la mort de cellules de Purkinje en sécrétant des réactifs oxygénés (Marin-Teva et al., 2004), ainsi que de neurones situés au niveau de la rétine via la sécrétion de NGF (Frade & Barde, 1998). Un peu plus tard dans le développement du SNC, les cellules microgliales vont participer à l'élimination sélective des synapses et des axones (« pruning »), notamment via les molécules C1q et C3, favorisant ainsi l'affinement du réseau neuronal (Watts et al., 2003; Awasaki & Ito, 2004; Broadie, 2004; Awasaki et al., 2006; Ekdahl et al., 2009).

III-4-4-2) Activités de neuroprotection des cellules microgliales

Les cellules microgliales polarisées vers un profil type M2, semblent avoir un rôle important dans les mécanismes de neuroprotection. En effet, sous cette forme, elles vont pouvoir sécréter des facteurs neurotrophiques permettant de protéger et/ou de réparer les neurones (e.g. BDNF, NT-3 et 4/5 « neurotrophines », GDNF « glial cell derived neurotrophic factor ») (Elkabes et al., 1996;

Miwa *et al.*, 1997; Heese *et al.*, 1998; Batchelor *et al.*, 1999; Nakajima *et al.*, 2001; Madinier *et al.*, 2009). Par ailleurs, de récentes études ont montré que les cellules microgliales activées sécrétaient des facteurs favorisant la migration et la différenciation des précurseurs neuronaux (Aarum *et al.*, 2003; Walton *et al.*, 2006).

III-5) Interaction entre cellules microgliales et autres cellules gliales

III-5-1) La microglie et les astrocytes

Les cellules microgliales interagissent aussi avec les cellules de la macroglie et en particulier avec les astrocytes. Les astrocytes, issus des précurseurs neuronaux sont les cellules les plus abondantes au sein du SNC. Véritables cellules de soutien des neurones, ils jouent un rôle important dans de nombreuses fonctions, telles que dans le maintien de la structure de la BHE (cf. ''II-1) La barrière hémato-encéphalique''), mais aussi au niveau de la formation des synapses et le contrôle de leur activité (Wang & Bordey, 2008).

Dotés de nombreux récepteurs, tels que des récepteurs aux cytokines (e.g. IL-12R, IL-6R) ainsi que des PRR (e.g. TLR1, 3, 4, 5 et 9), les astrocytes peuvent s'activer en cas de perturbation au sein du SNC (Jack *et al.*, 2005). Ils participent dans ce cas à la réparation du tissu lésé, notamment en sécrétant de nombreux facteurs neurotrophiques (e.g. NGF, NT-3) (Condorelli *et al.*, 1994; Neveu *et al.*, 1994b; Condorelli *et al.*, 1995), mais interviennent aussi dans les mécanismes immunitaires (Dong & Benveniste, 2001) en secrétant des cytokines (e.g. IL-1, IFNβ, M-CSF, GM-CSF) et des chémokines (CXCL1, CXCL2), qui favorisent notamment le recrutement et l'activation des cellules microgliales (Falsig *et al.*, 2006).

Par ailleurs, et bien que certaines études avancent l'idée que les astrocytes participent aux phénomènes de présentation antigénique au sein du SNC, leur implication dans l'activation lymphocytaire *in vivo* reste controversée (Sedgwick *et al.*, 1991; Weber *et al.*, 1994; Shrikant & Benveniste, 1996; Aloisi *et al.*, 1998b). En effet, l'expression des molécules impliquées dans les mécanismes de présentation antigénique (CMH cl I, CMH cl II, CD80, CD86), par les astrocytes, n'a pu être observée *in vitro* qu'après une forte stimulation à l'IFNγ (Takiguchi & Frelinger, 1986; Frei *et al.*, 1994; Nikcevich *et al.*, 1997; Tan *et al.*, 1998; Cornet *et al.*, 2000), et *in vivo* que dans certaines conditions fortement inflammatoires (e.g. sclérose multiple, encéphalite auto-immune expérimentale) (Traugott & Raine, 1985; Sakai *et al.*, 1986; Traugott, 1989; Krogsgaard *et al.*, 2000). De plus, il a été démontré, d'une part, que les astrocytes étaient beaucoup moins efficaces que les autres CPA et en particulier que les cellules microgliales, pour activer les lymphocytes T (Aloisi *et al.*, 1998b; Aloisi *et al.*, 1999), et d'autre part, qu'ils favorisaient essentiellement des réponses lymphocytaires de type Th2 au détriment de la réponse inflammatoire Th1 (Aloisi *et al.*, 1998b; Kort *et al.*, 2006), ainsi que l'induction de Treg (Trajkovic *et al.*, 2004). Ainsi, il semblerait que les astrocytes interviendraient plutôt tardivement dans les réponses immunitaires et uniquement en cas de forte stimulation, essentiellement pour favoriser l'arrêt des réactions inflammatoires pouvant être délétère pour le tissu environnant.

III-5-2) La microglie et les oligodendrocytes

Les oligodendrocytes, issus de précurseurs neuronaux au même titre que les neurones et les astrocytes, sont les cellules responsables de la myélinisation des axones au sein du SNC (équivalent des cellules de Schwann au niveau du système nerveux périphérique) (Emery, 2010). Les relations existantes entre ces cellules et les cellules microgliales sont relativement ténues. Néanmoins, Nicholas et ses collaborateurs ont démontré, d'une part que les oligodendrocytes étaient capables de sécréter des chemokines permettant le recrutement des cellules microgliales, et d'autre part que les cellules microgliales favorisaient la survie des oligodendrocytes (Nicholas *et al.*, 2003; Miller *et al.*, 2007; Taylor *et al.*, 2010). Toutefois, en cas d'activation trop intense des cellules microgliales, ces dernières sécrètent des facteurs pro-inflammatoires tels que des cytokines (e.g. IL-1, TNFα), du NO et des dérivés oxygénés pouvant être délétères pour les oligodendrocytes (Cacci *et al.*, 2005; Li *et al.*, 2005). La mort des oligodendrocytes conduit à la libération de myéline dans l'environnement qui, en cas de conditions inflammatoires, peut générer une réponse immunitaire conduisant à l'apparition de la sclérose en plaque (Dhib-Jalbut, 2007).

IV) IMMUNOTHERAPIE ET TUMEURS CEREBRALES

L'idée d'un traitement d'immunothérapie est apparue en 1895 dans une communication à l'Académie de Sciences par Héricourt et Rochet, qui avançaient l'hypothèse que les tumeurs pouvaient être considérées comme "étrangères" et qu'à ce titre il serait possible d'utiliser des préparations immunitaires contre elles. Cette idée a fait l'objet de beaucoup de recherches depuis la fin du 20e siècle et ce en concordance avec les avancées des connaissances fondamentales en immunologie. Ainsi, l'immunothérapie vise au renforcement du système immunitaire de l'organisme afin d'obtenir un rejet naturel de la tumeur (Dietrich *et al.*, 1997). Cette approche présente l'intérêt majeur, grâce à la spécificité antigénique de la réponse immunitaire, de cibler uniquement les cellules tumorales sans affecter le tissu sain. L'enjeu de cette thérapie est de savoir sur quels facteurs immunologiques agir pour déclencher une réponse immunitaire adéquate contre la tumeur, tels que des médiateurs moléculaires de la réponse immunitaire (e.g. cytokines, chemokines) ou encore sur la manipulation *ex vivo* de certaines cellules immunitaires tel que les LT ou les CPA.

IV-1) La réponse immunitaire anti-tumorale « idéale »

Il est possible de résumer d'une façon simplifiée une réponse immunitaire anti-tumorale efficace à une série d'évènements cellulaires successifs (Fig 14).

Ainsi, la présence de cellules tumorales va provoquer l'activation des cellules de l'immunité innée spécialisées dans l'élimination cellulaire, tel que des cellules NK et des lymphocytes T $\gamma\delta$. La destruction des cellules tumorales par ces effecteurs de l'immunité innée, et autres phénomènes internes, va entraîner la libération d'antigènes tumoraux qui pourront être captés par les CPA telles que les CD. Alors qu'en absence de signaux de danger et/ou en condition anti-inflammatoire, les CPA vont engendrer une anergie ou même une tolérance vis-à-vis du corps à éliminer, la présence de facteurs adéquats va leur permettre d'initier une réponse immunitaire spécifique efficace. Dès lors, les CPA vont migrer au niveau des ganglions lymphatiques, devenir matures, et alors exprimer les peptides antigéniques tumoraux en association avec les molécules du CMH cl. I ou cl. II ainsi qu'un ensemble de molécules co-stimulatrices nécessaires à l'activation lymphocytaire (e.g. CD80, CD86, CD40L). Ainsi, les CPA pourront activer les lymphocytes T auxiliaires CD4$^+$ (LT CD4$^+$) et/ou T CD8$^+$ (LT CD8$^+$) et orienter la réponse immunitaire vers un profil de type Th1, impliquant l'activation et la différenciation des LT CD8$^+$ en lymphocytes T cytotoxiques (LTc), ou Th2, associé avec la production d'immunoglobulines (implication des lymphocytes B (LB)). L'ensemble de ces phénomènes conduira ainsi à l'élimination des cellules tumorales.

Une des étapes clefs de cette réponse immunitaire est la présentation de l'antigène par les CPA aux LT. Si celle-ci peut ce faire de façon classique (cf. ''III-4-2-1) Présentation antigénique conventionnelle''), il a récemment été décrit un mécanisme alternatif présentant un intérêt tout particulier en thérapies anti-tumorales : la présentation antigénique croisée

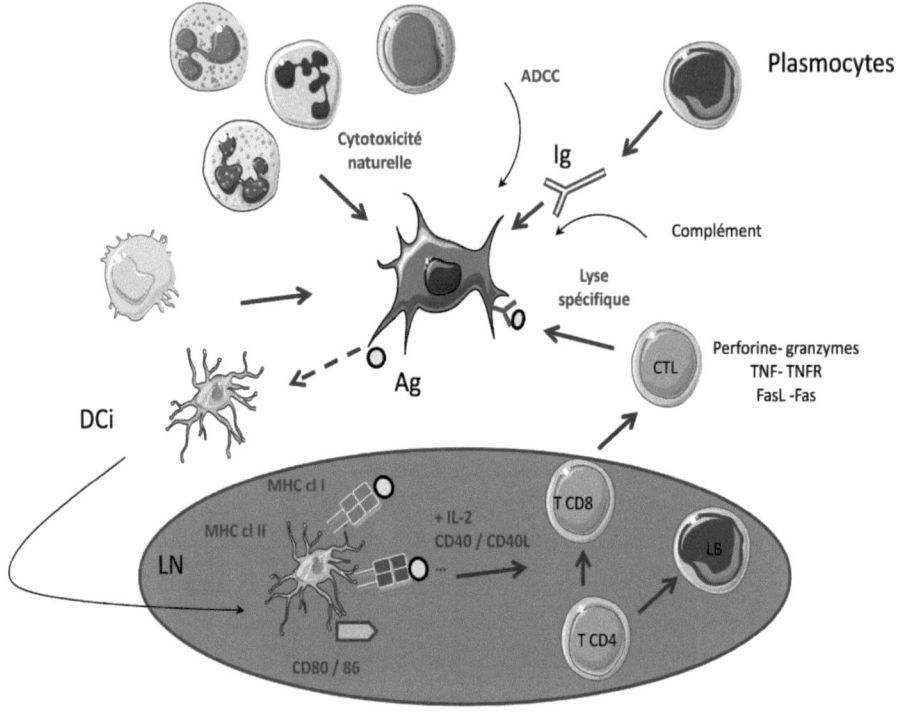

Figure 14 : Représentation schématique des différents effecteurs de la réponse anti-tumorale. D'après (Blattman & Greenberg, 2004).

IV-2) Présentation antigénique croisée ou « cross-presentation »

Le concept de présentation antigénique croisée (« cross-presentation ») représente ainsi une alternative aux mécanismes de présentation conventionnelle. Celui-ci a été initialement identifié chez les CD, les cellules les plus compétentes dans les mécanismes de présentation antigénique (Kurts *et al.*, 1997a; Banchereau & Steinman, 1998; Kurts *et al.*, 2010), puis chez les Mφ (Debrick *et al.*, 1991a; Randolph *et al.*, 2008b), les LB (Hon *et al.*, 2005a), et les neutrophiles (Beauvillain *et al.*, 2007). La présentation antigénique croisée permet aux cellules concernées d'associer les peptides antigéniques d'origine exogène au sein des molécules du CMH cl I pour ainsi les présenter directement aux LT CD8$^+$ (Amigorena & Bonnerot, 1999; Guermonprez & Amigorena, 2005b;

Shen & Rock, 2006b). En fonction des signaux complémentaires perçus par le LT CD8$^+$ (e.g. co-stimulation, cytokines pro-inflammatoire), celui-ci pourra s'activer (phénomène de « cross-priming »), ou au contraire entrer en anergie (phénomène de « cross-tolerance »).

Les processus intracellulaires impliqués dans les phénomènes de présentation antigénique croisée ne sont pas actuellement complètement élucidés. Néanmoins, il semble que deux grands types de mécanismes se dessinent: un mécanisme cytosolique et un mécanisme vacuolaire (Fig 15) (Amigorena & Savina, 2010).

Le mécanisme cytosolique (Kovacsovics-Bankowski & Rock, 1995) and Rock 1995), qui nécessite l'implication du protéasome et du transporteur TAP (« Transporter associated with antigen processing »), est lui-même subdivisé. Ainsi, pour la voie « phagosome-cytosol », l'antigène est internalisé par la CPA, par phagocytose, puis libéré dans le cytosol (Norbury et al., 1997; Lin et al., 2008). Dès lors, il est pris en charge par le protéasome et dégradé en peptides antigéniques qui seront relocalisés dans le réticulum endoplasmique (RE) grâce au transporteur TAP (Huang et al., 1996; Raghavan et al., 2008). Au sein du RE les peptides antigéniques pourront subir une ultime étape protéolytique par action des enzymes ERAP 1 (« endoplasmic reticulum aminopeptidase 1») et ERAP 2 (non présente chez la souris), puis seront associés aux molécules du CMH cl I formant ainsi un complexe lui-même relocalisé à la membrane plasmique via l'appareil de Golgi (Rock et al., 2010). La voie « phagosome-cytosol-phagosome », est similaire à la voie « phagosome-cytosol » sauf que, après dégradation de l'antigène au sein du protéasome, les peptides antigéniques sont relocalisés dans le phagosome ayant lui-même fusionné avec le RE, au sein duquel ils sont associés au CMH cl I. Pour la voie « endosome-réticulum », les antigènes intégrés par endocytose, vont être transportés vers le RE puis exportés dans le cytosol. Ensuite, de façon identique à la voie « phagosome-cytosol », les antigènes seront dégradés en peptides antigéniques, eux-mêmes relocalisés dans le RE grâce au transporteur TAP, puis associés au CMH cl I. Enfin, la voie des « jonction gap » concerne les peptides antigéniques issus d'une autre cellule par une jonction communicante de type gap. Ceux-ci seront pris en charge par les transporteurs TAP et ainsi relocalisés au sein du RE où ils seront associés au CMH cl I.

Si pour le mécanisme vacuolaire, qui est indépendant du protéasome et de TAP, les différentes étapes ne sont pas clairement identifiées, il semblerait néanmoins que ce soit au niveau des vacuoles d'internalisation (e.g. endosome, phagosome) et en conditions particulières (e.g. pH neutre) que les antigènes soient dégradés puis associés aux CMH cl I, court-circuitant ainsi la présentation via les molécules de CMH cl II (Amigorena & Savina, 2010) (Amigorena and Savina 2010).

La présentation antigénique croisée est impliquée dans de nombreuses réponses du système immunitaire (e.g. maladies auto-immunes, tumeur) et si son implication au sein du SNC n'est plus à démontrer (Walker *et al*., 2003) l'identification des cellules qui en sont responsables n'est pas clairement établie.

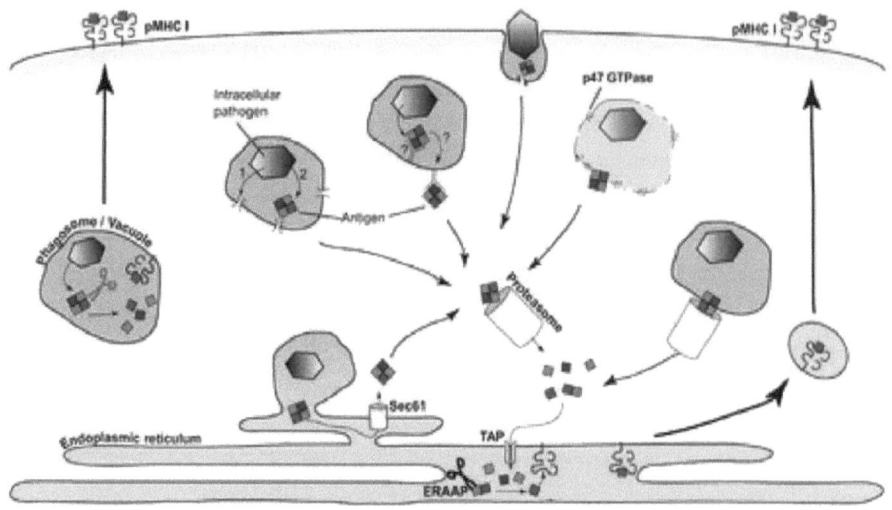

Figure 15 : Représentation schématique des différentes voies pouvant être impliquées dans le mécanisme de présentation antigénique croisée. (Blattman & Greenberg, 2004).

IV-3) Les mécanismes d'échappements tumoraux

Le développement d'une tumeur s'accompagne de nombreuses modifications génétiques dotant les cellules tumorales d'une capacité proliférative importante. Dans ce sens, il a été observé que les tumeurs cérébrales pouvaient exprimer plusieurs récepteurs aux facteurs de croissance tels que les récepteurs à l'EGF (« endothelial growth factor ») (Strommer *et al*., 1990; Ronellenfitsch *et al*., 2010), à l'HGF/SC (« Hepatocyte growth factor/scatter factor ») (McDonald & Dohrmann, 1988; Moriyama *et al*., 1999) et à l'IGF1 (« insulin-like growth factor ») (Gammeltoft *et al*., 1988; Ye *et al*., 2010), mais aussi les facteurs de croissance associés, tels que le VEGF (Plate *et al*., 1992), l'HGF/SC (Schmidt *et al*., 1999; Abounader & Laterra, 2005) ou encore le bFGF (Stefanik *et al*., 1991; Brastianos & Batchelor, 2010). Ainsi, les cellules tumorales peuvent bénéficier de la sécrétion de facteurs de croissance de façon autocrine, mais aussi induite par les mécanismes de

51

réparation mis en place par l'organisme. De plus, la présence de ces facteurs de croissance va aussi favoriser l'angiogènèse au niveau de l'environnement tumoral, et ainsi permettre l'apport en oxygène et en nutriments indispensables à la croissance tumorale (cf. ''I-2) Traitement d'hier et d'aujourd'hui'').

Néanmoins, cette seule capacité de prolifération ne permettrait pas l'établissement d'une tumeur sans l'acquisition de mécanismes dits « d'échappements », permettant aux cellules tumorales de résister au système immunitaire (Walker *et al.*, 2002; Gomez & Kruse, 2006). Ces mécanismes, qui sont dépendant des propriétés intrinsèques des cellules tumorales elles-mêmes et qui vont représenter un facteur déterminant dans la croissance tumorale, sont nombreux et variés. Ils peuvent ainsi faire intervenir des systèmes de résistance à la mort programmée (ou apoptose), ainsi que l'expression de facteurs solubles et/ou membranaires, et enfin la promotion/détournement des fonctions des cellules immunitaires au profit d'une activité anti-inflammatoire.

IV-3-1) Résistance à l'apoptose

L'apoptose, qui joue un rôle crucial dans le développement et maintien de l'homéostasie, regroupe un ensemble de processus de mort cellulaire physiologique permettant à l'organisme d'éliminer les cellules non désirées ou endommagées et potentiellement dangereuses (Kerr *et al.*, 1972; Wyllie, 1987). Le développement d'une tumeur n'est pas uniquement la conséquence d'une prolifération cellulaire excessive mais résulte aussi d'un déséquilibre entre la prolifération et la mort cellulaire (Martin & Green, 1995; Reed, 1999). Ainsi, la surexpression de protéines anti-apoptotiques (e.g. survivine, Bcl2, Bcl-XL) ou encore la mutation sur les gènes codant pour des protéines pro-apoptotiques (e.g. p53, Bax, Apaf1), sont généralement impliquées dans les phénomènes de résistances à l'apoptose (Adida *et al.*, 1998; Djerbi *et al.*, 1999). Mais ceux-ci peuvent aussi concerner les mécanismes dépendant des effecteurs immunitaires. En effet, les fonctions cytotoxiques des effecteurs de l'immunité, tels que les LT CD8[+] et les cellules NK, sont dues à la libération de perforines/granzymes et de molécules pro-apoptotiques (e.g. Fas-ligand, TNF, TRAIL (« TNF related apoptosis inducing ligand »)), permettant l'activation de voie de signalisation induisant la mort des cellules cibles (Malaguarnera, 2004). Les cellules tumorales peuvent aussi être résistantes à ces mécanismes. La résistance à l'apoptose peut découler du blocage de la voie perforine/granzyme B, notamment via l'expression d'inhibiteurs de sérine protéases (e.g. PI-9 (« protease inhibitor-9 ») (Trapani & Sutton, 2003), ou, comme cité précédemment, de mutations des gènes codant pour le récepteur Fas (Landowski *et al.*, 1997; Shin *et al.*, 1999), ou encore pour des caspases (e.g. caspase 8) (Ghavami *et al.*, 2009). D'autre part, les cellules de tumeurs cérébrales peuvent aussi sécréter des formes solubles des récepteurs aux molécules pro-apoptotiques qui vont alors entrer en compétition avec les récepteurs membranaires (Pitti *et al.*, 1998; Roth *et al.*, 2001).

IV-3-2) Sécrétion de facteurs solubles

L'environnement des tumeurs cérébrales, et notamment des gliomes, est caractérisé par la présence de nombreux facteurs immunosuppresseurs solubles. Parmi ceux-ci, nous pouvons citer les cytokines anti-inflammatoires telles que le TGFβ (Hoelzinger *et al.*, 2007; Luwor *et al.*, 2008) et l'IL-10 (Wu *et al.*, 2010; Qiu *et al.*, 2011) (cf. ''II-4) Expression de facteurs immunosuppresseurs'') qui vont notamment pouvoir favoriser la génération et l'activité des Treg, ainsi que des cellules myéloïdes immunosuppressives (cf. ''IV-3-4) Présence de cellules immunosuppressives''), et ce au détriment de l'activation des CPA et des effecteurs du système immunitaire tels que les LB, les LTc et les cellules NK.

Les cellules de tumeurs cérébrales peuvent aussi exprimer des enzymes, telles que l'indoleamine 2,3-dioxygénase (IDO) et des cyclo-oxygénases (COX). L'IDO, qui présente une fonction immunosuppressive importante dans de nombreux phénomènes physiologiques (e.g. maintien du fœtus, protection contre l'auto-immunité) (Munn *et al.*, 1998; Grohmann *et al.*, 2003), dégrade le tryptophane, acide aminé essentiel pour la prolifération et le maintien des LT CD4 et CD8 (Munn *et al.*, 1999; Munn *et al.*, 2005), et participe ainsi à l'immunosuppression au sein des tumeurs cérébrales. Les COX, surexprimées au niveau des cellules tumorales (Nathoo *et al.*, 2004), vont induire la présence de produits du métabolisme de l'acide arachidonique tel que la prostaglandine E2 (PGE2). Cette molécule, qui intervient dans de nombreux mécanismes physiologiques (e.g. reproduction, tension vasculaire), possède une activité anti-inflammatoire notamment en inhibant l'activation et la prolifération des lymphocytes T (von Bergwelt-Baildon *et al.*, 2006), mais aussi en favorisant le développement des Treg (Baratelli *et al.*, 2005; Sharma *et al.*, 2005). De plus, la PGE2 peut aussi induire l'expression de l'IDO au niveau des CD infiltrantes (von Bergwelt-Baildon *et al.*, 2006) , et ainsi renforcer l'immunosuppression locale.

Enfin, les cellules de tumeurs cérébrales peuvent exprimer d'autres molécules telles que les GANGs (« glioma-associated gangliosides ») (Fredman, 1994) et la MPC1 (« Macrophage chemoattractive protein 1 »). Les GANGs sont des glycolipides acides qui vont limiter l'action du système immunitaire en bloquant l'expression de la molécule du CD4 sur les LT CD4[+] (Messner & Cabot, 2010), mais aussi en induisant l'apoptose des LT (Whisler & Yates, 1980; Morales *et al.*, 2007). La MPC1, quant à elle, par son action pro-angiogénique (Salcedo *et al.*, 2000), se retrouve principalement dans les gliomes proliférant et est déterminant pour l'agressivité de la tumeur (Desbaillets *et al.*, 1994).

IV-3-3) Implication de marqueurs membranaires

En plus des facteurs solubles, l'échappement des cellules de tumeurs cérébrales va aussi pouvoir faire intervenir plusieurs molécules membranaires, que ce soit par l'induction, l'augmentation ou encore l'inhibition d'expression, ainsi que par la modification de structures de celles-ci.

Dans ce sens, les cellules tumorales vont pouvoir exprimer plus faiblement le CMH I ou alors sous une forme altérée, limitant ainsi l'interaction avec le TCR des LT CD8$^+$ (Zagzag *et al.*, 2005). Une autre possibilité pour les cellules tumorales est l'expression de molécules du CHM I non classique. Celles-ci regroupent le HLA-G (Wiendl *et al.*, 2003), qui ne permet la présentation que de certains types d'antigènes et qui protège les cellules tumorales de l'action des cellules NK en se fixant sur un récepteur inhibiteur présent à la surface de ceux-ci (Wiendl *et al.*, 2003). HLA-E est une autre molécule du CMH I pouvant être exprimée par les cellules de tumeurs cérébrales et qui, en se liant sur le récepteur CD94/NKG2A des cellules NK, bloque leur activité anti-tumorale (Wischhusen *et al.*, 2005).

Les cellules de tumeurs cérébrales peuvent aussi affecter l'activation des LT et les rendre anergiques notamment via l'expression d'analogues des co-stimulateurs de la famille B7 (cf. "III-4-2-1) Présentation antigénique conventionnelle"), telle que la molécule B7-H1 (« B7-homologue H1 », ou PD-L1 (« programed death ligand-1 »)) (Wintterle *et al.*, 2003; Zha *et al.*, 2004; Blank *et al.*, 2005).

Enfin, les cellules de tumeurs cérébrales peuvent aussi exprimer des molécules qui vont induire la mort des effecteurs immuns, par apoptose (cf. "IV-3-1) Résistance à l'apoptose"), telles que la molécule CD70 (Chahlavi *et al.*, 2005) et en utilisant le complexe FAS/FAS ligand (FAS-L) (Gratas *et al.*, 1997; Husain *et al.*, 1998; Frankel *et al.*, 1999b; a; Choi & Benveniste, 2004). De façon similaire, la molécule RCAS1 (« Receptor Binding Cancer Antigen Expressed on SiSo Cells »), qui est fortement surexprimé dans les gliomes de grade élevé, pourra elle aussi induire l'apoptose des effecteurs de l'immunité et donc renforcer l'immunosuppression locale (Nakabayashi *et al.*, 2007).

54

IV-3-4) Présence de cellules immunosuppressives

Enfin, la dernière caractéristique importante participant à l'échappement tumorale concerne leur capacité à détourner à leur profit l'action de cellules immunitaires régulatrices. En effet, de part leur défaut de reconnaissance par les cellules du système immunitaire ainsi que l'expression et/ou la sécrétion de molécules anti-inflammatoire (cf. ''IV-3-2) Sécrétion de facteurs solubles'' et ''IV-3-3) Implication de marqueurs membranaires''), les cellules tumorales vont pouvoir promouvoir le recrutement, la génération et l'activité de lymphocytes T régulateurs et de cellules myéloïdes immunosuppressive telles que les TAM (« tumor associated macrophages ») et autres MDSC (« myeloid derived immunosuppresive cells »).

IV-3-4-1) Les lymphocytes T régulateurs

Si la découverte de l'existence des lymphocytes T suppresseur/régulateurs (Treg) date des années 1970 (Gershon & Kondo, 1971), elles n'ont été caractérisées que dans les années 1990 (Sakaguchi *et al.*, 1995; Mougiakakos *et al.*, 2010). Les Treg regroupent des sous-populations lymphocytaire CD4[+] et CD8[+] impliquée dans les mécanismes de tolérance active visant à limiter les réponses autoimmunes délétères pour l'organisme (Humphries *et al.*, 2010; Filaci *et al.*, 2011). Les Treg ont été décrits comme pouvant inhiber la prolifération, l'activation et les fonctions des LT effecteurs et mémoires (Takahashi *et al.*, 1998; Thornton & Shevach, 1998; Levings *et al.*, 2001; Piccirillo & Shevach, 2001), ainsi que la prolifération, la production d'immunoglobulines et la commutation de classe des lymphocytes B (Lim *et al.*, 2005), les fonctions cytotoxiques des cellules NK (Azuma *et al.*, 2003; Ghiringhelli *et al.*, 2005), et enfin la maturation et les fonctions effectrices des CPA au profit d'une activité immunosuppressive (Misra *et al.*, 2004).

IV-3-4-1-1) Les différentes sous-populations de Treg

Parmi les Treg CD4[+], les Treg naturels (nTreg) représentent la sous-population la mieux identifiée. Ces cellules, qui sont sélectionnées durant la sélection thymique et qui comptent pour 5 à 10% des LT CD4[+] totaux (Sakaguchi *et al.*, 2010), sont caractérisés par l'expression des marqueurs membranaire CD25 (sous-unité α du récepteur à l'IL-2), GITR (« glucocorticoid-induced TNF receptor ») et CTLA4 («cytotoxic T-lymphocyte antigen 4 ») et du facteur de transcription Foxp3 (« forkhead box P3 ») (Sakaguchi *et al.*, 1995; Sakaguchi *et al.*, 2010).

Plus récemment, il a été démontré que des LT CD4$^+$ naïfs pouvaient dériver en Treg induit (iTreg) sous certaines conditions. Un des pré-requis à la génération de ces iTreg est la présence d'un signal TCR / CMH cl. II, en l'absence de signaux permettant la génération de T effecteurs (e.g. costimulation, cytokines proinflammatoire (cf. "III-4-2-1) Présentation antigénique conventionnelle") (Lohr *et al.*, 2006; Curotto de Lafaille & Lafaille, 2009; Mougiakakos *et al.*, 2010). Parmi ces iTreg, les Tr1 sont générés en présence d'IL-10 (Levings *et al.*, 2005) et sont caractérisées par une très forte production d'IL-10 (Groux *et al.*, 1997; Vieira *et al.*, 2004). Par analogie, les Th3 sont générés en présence de TGFβ et agissent principalement en sécrétant du TGFβ (Inobe *et al.*, 1998; Cottrez & Groux, 2004; Carrier *et al.*, 2007a; b). Les Tr1 tout comme les Th3 expriment faiblement le récepteur CD25 et pas le facteur de transcription Foxp3. Enfin, des iTreg dits « nTreg-like cells » ont aussi été identifiés (Apostolou & von Boehmer, 2004; Liang *et al.*, 2005). Ceux-ci, tout comme les nTreg, expriment les marqueurs CD25, CTLA-4, GITR et Foxp3 et semble avoir des modes d'action similaire aux nTreg.

Bien que le monde scientifique ait essentiellement reporté son attention sur les Treg CD4$^+$, certains travaux montrent qu'il existe aussi des populations de Treg CD8$^+$. Les Treg CD8$^+$, tout comme leur homologue CD4$^+$, se divisent en Treg CD8$^+$ naturel, caractérisées par les marqueurs CD25, CTLA-4, GITR et Foxp3 (Mougiakakos *et al.*, 2010) et en Treg CD8$^+$ induits, caractérisés par la sécrétion de TGFβ (Mills, 2004; Zhang *et al.*, 2009), Si ces Treg CD8$^+$ semblent agir de façon très similaire aux Treg CD4$^+$ (Cosmi *et al.*, 2004; Fontenot *et al.*, 2005; Kiniwa *et al.*, 2007; Chaput *et al.*, 2009), ils n'en restent pas moins encore très mal connus.

IV-3-4-1-2) Mode d'action des Treg

Les Treg ont à leur disposition plusieurs mécanismes d'action pour pouvoir jouer leur rôle de cellules immunosuppressives (Fig 16). L'un de ces mécanismes d'action repose sur la consommation de l'IL-2, une cytokine essentielle à la prolifération des LT effecteurs (Morgan *et al.*, 1976). En effet, les Treg expriment fortement le récepteur à l'IL-2 (CD25), de façon constitutive pour les nTreg et induite pour les iTreg (Sakaguchi *et al.*, 1995), mais sont, néanmoins, incapable de produire cette cytokine (Allan *et al.*, 2005). Ainsi, en proliférant, les Treg vont consommer l'IL-2 environnant au détriment les LT effecteurs.

Les Treg Foxp3$^+$, et notamment les nTreg, peuvent aussi agir par contact cellulaire notamment via le TGFβ membranaire et les molécules CTLA-4, LAG-3 (« Lymphocyte-activation gene 3 ») (Nakamura *et al.*, 2001; Shevach, 2009). L'expression membranaire du TGFβ induit, tout comme sa forme soluble, une immunosuppression du système immunitaire (cf. ''II-4) Expression de facteurs immunosuppresseurs''). Le CTLA-4, qui possède une meilleure affinité pour les co-stimulateurs de la famille B7 que le CD28, va inhiber l'activité immunostimulatrice des CPA (cf. ''III-4-2-1) Présentation antigénique conventionnelle'') au profit d'une activité tolérogène (Huang *et al.*, 2004; Sakaguchi, 2004), et aussi induire la production d'indoleamine (IDO) (Fallarino *et al.*, 2006). Cette enzyme renforce l'environnement immunosuppresseur en consommant le tryptophane, privant ainsi les LT effecteurs de cet acide aminé essentiel à leur activité (Fallarino *et al.*, 2006). Enfin, en se fixant sur le CMH cl II, la molécule LAG-3, homologue du CD4 exprimé par les nTreg activés (Joosten *et al.*, 2007), semble nécessaire pour l'activité immunosuppressive optimal des nTreg sur les CPA (Huang *et al.*, 2004; Liang *et al.*, 2008).

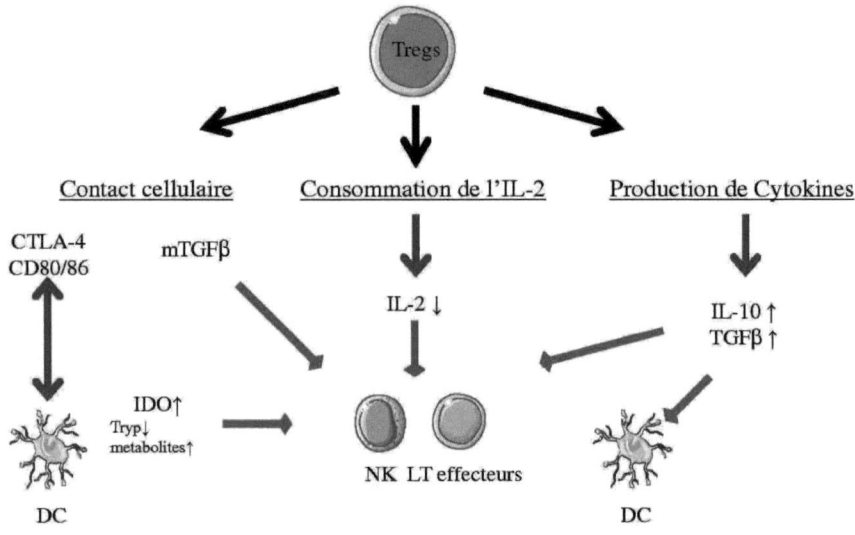

Figure 16 : Représentation schématique des principaux modes d'action des Treg naturels. D'après (Mougiakakos *et al.*, 2010).

A l'image des Treg induit, qui agissent principalement via la sécrétion de cytokines anti-inflammatoire (IL-10 pour les Tr1 et TGFβ pour les Th3), les Treg Foxp3[+] peuvent également inhiber le système immunitaire grâce à la sécrétion de molécules immunosuppressives telles que l'Il-10 et le TGFβ) (cf. ''II-4) Expression de facteurs immunosuppresseurs'') (Annacker *et al.*, 2001a; Annacker *et al.*, 2001b; Annacker *et al.*, 2003; Tang *et al.*, 2004; Hawrylowicz & O'Garra,

2005). Néanmoins, il semble que d'autres facteurs puissent aussi intervenir. C'est par exemple le cas de l'IL-35 (Collison *et al.*, 2007; Bardel *et al.*, 2008), membre de la famille de l'IL-12 dont l'expression est induite chez les nTreg activés, de la galectin-1, membre de la famille des β-galactoside-binding proteins surexprimée suite à une stimulation dépendant du TCR des nTreg (Garin *et al.*, 2007), et de PGE2 (cf. "IV-3-2) Sécrétion de facteurs solubles") (Mahic *et al.*, 2006; Yaqub *et al.*, 2008). Enfin, des études ont également montrées que les nTreg pouvaient induire la lyse des cellules effectrices, cellules NK et LT CD8[+], en utilisant le mécanisme perforine/granzyme B (Grossman *et al.*, 2004; Gondek *et al.*, 2005; Cao *et al.*, 2007), et lutter ainsi contre le développement d'une réponse immunitaire cytotoxique.

IV-3-4-2) Les cellules myéloïdes immunosuppressives
IV-3-4-2-1) Les MDSCs

Les MDSCs ont été initialement décrites chez l'homme et la souris au sein de tumeurs et dans les organes lymphoïdes (Murdoch *et al.*, 2008). Ces cellules semblent constituer une population hétérogène de cellules myéloïdes originaire de précurseurs myéloïdes qui ne sont pas pleinement différenciées en cellules matures (Gabrilovich & Nagaraj, 2009). Si les précurseurs myéloïdes sont classiquement décrits comme étant des cellules qui migrent dans les différents organes où ils se différencient en CD, Mφ et autres granulocytes, ils ont aussi été décrits comme pouvant s'accumuler dans l'environnement tumoral en réponse à divers stimuli (e.g. VEGF, GM-CSF, M-CSF, IL-6). Dès lors, la présence de certains facteurs dans l'environnement tumoral (e.g. IL-1β, PGE2, IL-13) va empêcher leur différenciation et induire l'activation de fonction immunosuppressives (Condamine & Gabrilovich, 2011).

Deux populations différentes de MDSCs, les MDSCs granulocytaires et les MDSCs monocytaires, ont actuellement été identifiées chez la souris. Les MDSCs granulocytaires sont caractérisées par un phénotype CD11b[+], Ly6G[+] et Ly6C[faible], et possèdent une forte activité de STAT3 et de NADPH induisant des niveaux élevés de réactifs oxygénés (ROS « reactive oxygen species ») et de faibles niveaux d'oxyde nitrique (Youn *et al.*, 2008; Gabrilovich & Nagaraj, 2009). Les MDSCs monocytaires sont, quant à elles, caractérisées par un phénotype CD11b[+], Ly6G[-] et Ly6C[fort] possèdent une expression élevée de STAT1, de NO synthase inductible (iNOS) et donc beaucoup de NO mais de faibles niveaux de ROS (Condamine & Gabrilovich, 2011).

L'activité immunosuppressive de ces cellules semble en partie due à la présence des ROS pour les MDSCs granulocytaires et à celle du NO pour les MDSCs monocytaires. D'une part, les ROS peuvent entrainer la nitration du TCR et du CD8 des LT CD8[+] empêchant ainsi leur activation. D'autre part, le NO, issu de la dégradation de la L-arginine par l'enzyme iNOS, peut inhiber l'expression des molécules CMH cl II chez les CPA, empêcher l'activation des LT en bloquant les voies STAT5 et JAK3, et même induire l'apoptose de ces derniers (Youn *et al.*, 2008; Gabrilovich & Nagaraj, 2009). Par ailleurs, ces deux populations sont aussi caractérisées par une importante activité de l'arginase qui, en consommant l'arginine présente dans le milieu, inhibe l'activité des LT CD8$^+$. Enfin, il a aussi été décrit que les MDSCs favorisaient la génération et l'activité des Treg (Serafini *et al.*, 2008) notamment via la sécrétion de TGFβ et d'IL-10 (Huang *et al.*, 2006).

IV-3-4-2-2) Les TAMs

Les macrophages associés aux tumeurs, communément appelé TAMs, représentent une population de Mφ immmunosuppresseurs majoritairement présentes dans les régions nécrotiques de la tumeur où la teneur en oxygène est faible (Talks *et al.*, 2000). Ces cellules peuvent dérivées, soit des MDSCs, soit des monocytes circulants qui sont attirés par divers facteurs sécrétés par les cellules tumorales (e.g. VGEF, M-CSF, CCL2) (Mantovani et al 2004) et qui se différencient en Mφ de type M2 (cf. "III-3-4) Polarisation type M1 et M2") sous l'influence du microenvironnement tumorale (e.g. PGE2, TGFβ, IL-6, IL-10) (Chomarat *et al.*, 2000; Mantovani *et al.*, 2005; Duluc *et al.*, 2007).. Les TAMs sont caractérisés par le phénotype CD11b$^+$, Gr-1$^-$, F4/80$^+$, IL-10^{fort} et IL-12^{faible} ainsi que par l'expression du récepteur au M-CSF (CD115), le B7-H4 et le récepteur au mannose CD206 (Kryczek *et al.*, 2006; Duluc *et al.*, 2007; Umemura *et al.*, 2008). Ces cellules vont par ailleurs exprimer l'arginase ou l'iNOS en fonction de l'environnement, mais jamais ces deux enzymes en même temps.

Les TAMs favorisent la croissance de la tumeur par la sécrétion de facteurs de croissance (e.g. EGF, IL-6, IL-8) (Sica *et al.*, 2008) mais aussi en soutenant l'angiogénèse (e.g. sécrétion de FGF, VEGF, PDGF). De plus, la sécrétion de facteurs de dégradation de la matrice extracellulaire et de remodelage (e.g. métalloprotéinase (MMP)) par les TAMs, contribue à la génération de métastases (Coussens *et al.*, 2000). Par ailleurs, les TAMs favorisent le recrutement et la génération de cellules immunosuppressives (e.g. Treg) via la sécrétion de chemokines (e.g. CCL17, CCL18, CCL22) et de facteurs immunosuppresseurs (e.g. IL-10, TGFβ) (Allavena *et al.*, 2008a; Allavena *et al.*, 2008b).

IV-3-4-3) Détournement des fonctions des cellules microgliales

De part leur localisation privilégiée, les cellules microgliales sont les premières cellules du système immunitaire à intervenir face à une tumeur du SNC. Pouvant représenter jusqu'à un tiers de la masse tumorale (Roggendorf *et al.*, 1996; Tambuyzer *et al.*, 2009), elles sont massivement recrutées en réponse à de multiples sécrétions des cellules tumorales (e.g. MCP-3, CCL2, CX3CL1, HGF) (Badie *et al.*, 1999; Platten *et al.*, 2003; Suzuki *et al.*, 2008; Held-Feindt *et al.*, 2010). Ces cellules microgliales, présentant majoritairement une morphologie amiboïde et une activité de phagocytose (Hussain *et al.*, 2006) suggérant un état activé, semblent pouvoir permettre d'une part, l'élimination des cellules tumorales grâce à l'expression de facteurs cytotoxiques (e.g. NO, Fas-L) (Badie & Schartner, 2001a; Kim *et al.*, 2006; Kim *et al.*, 2008; Hwang *et al.*, 2009) et, d'autre part, le recrutement, la rétention et le maintien de l'activité des LT effecteurs (Graeber *et al.*, 2002; Calzascia *et al.*, 2003b). Néanmoins, leur présence au sein d'une tumeur du SNC est généralement corrélée avec l'avancée de la maladie (Komohara *et al.*, 2008).

Tout d'abord, l'expression de molécules cytotoxiques par les cellules microgliales (e.g. NO, Fas-L) peut contribuer grandement à l'élimination des autres cellules effectrices sans réellement affecter les cellules tumorales (Badie & Schartner, 2001a; Walker *et al.*, 2006). De plus, les cellules microgliales peuvent favoriser la prolifération et la migration des cellules tumorales par le biais de facteurs neurotrophiques (cf. ''III-4-4) Rôle des cellules microgliales dans la neuroprotection''), de facteurs de croissance (e.g. EGF, VEGF) et de metalloprotéases (e.g. MMP-9) (Esteve *et al.*, 2002; Vilhardt, 2005; Watters *et al.*, 2005). Enfin, sous l'influence de l'environnement tumoral (e.g. TGFb, IL-10, PGE2), l'activité des cellules microgliales va être détournée au profit de la tumeur elle-même. Ainsi, les cellules microgliales vont s'orienter vers une polarisation de type M2 aux propriétés immunosuppressives similaire aux TAMs (Tsai *et al.*, 1995; Lafuente *et al.*, 1999; Wagner *et al.*, 1999; Komohara *et al.*, 2008; Kren *et al.*, 2010). Dès lors, les propriétés de présentation antigénique des cellules microgliales vont être compromises (diminution de l'expression des molécules CMH cl. II et des costimulateurs CD80, CD86 et CD40), ce qui se traduit par un défaut d'activation des LT effecteurs (Flugel *et al.*, 1999; Schartner *et al.*, 2005; Hussain *et al.*, 2006). De plus, les cellules microgliales vont pouvoir sécréter elles-mêmes des molécules immunosuppressives (e.g. TGFβ, IL-10) favorisant la génération et l'activité des Treg aux détriments des cellules effectrices (Wagner *et al.*, 1999; Nicolson *et al.*, 2006; Larmonier *et al.*, 2007). L'ensemble des ces évènements se traduit par le renforcement de l'immunosuppression au sein de l'environnement tumoral.

IV-4) L'immunothérapie active

Il existe différentes voies d'immunothérapies développées dans le cadre du traitement des cancers. Parmi celles-ci nous pouvons citer les stratégies passives, basées sur l'utilisation d'anticorps monoclonaux et qui restent confrontées aux problèmes dues à l'identification d'antigènes tumoraux spécifique (Gerber & Laterra, 2007; Maes & Van Gool, 2011), et les stratégies adoptives, dont l'objectif est le transfert de lymphocytes T autologues spécifiques préalablement amplifiés et stimulés *in vitro* (Dudley *et al*., 2002; Labarriere *et al*., 2002), qui sont confrontées aux problèmes de récupération des lymphocytes au sein même de la tumeur.   Le pari à l'heure actuelle est de développer des stratégies d'immunothérapie dites « actives ». Ces stratégies visent à restimuler le système immunitaire *in vivo* afin d'induire une réponse antitumorale efficace et l'installation d'une mémoire immunologique prévenant des récidives. Ce type de thérapie, repose sur la manipulation *in vitro* ou *in vivo* des cellules présentatrices d'antigène (CPA) qui sont les cellules initiatrices des réponses immunitaires adaptatives efficaces contre les cellules tumorales. La mise en place d'essais cliniques de phase I et II démontre que l'immunothérapie active, en tant que traitement unique ou adjuvant, prend une place de plus en plus importante dans le traitement des cancers, et notamment des tumeurs cérébrales (Carpentier *et al*., 2006a; Carpentier & Meng, 2006; Carpentier *et al*., 2010; Vergati *et al*.,2010). Parmi les approches d'immunothérapie active recensées, nous pouvons distinguer celles basées sur l'apport de l'antigène dites « spécifique d'antigène » et les autres, dites « non-spécifique d'antigène ».

IV-4-1) L'immunothérapie active « spécifique d'antigène »

Les stratégies actives spécifiques d'antigène consistent à apporter un antigène immunisant. Celles-ci étaient tout d'abord basées sur l'injection de cellules tumorales autologues sous différentes formes (lysat, apoptotiques, nécrotiques, génétiquement modifiées, etc.), mais fût rapidement abandonnée au vu des difficultés d'expansion des cellules tumorales en culture. Actuellement, le chargement de cellules dendritiques *ex vivo* et la réinjection de ces cellules (Banchereau & Steinman, 1998) est la stratégie la plus utilisée en recherche préclinique et clinique (Palucka *et al*., 2005). Cette approche, qui induit la mise en place d'un protocole curatif spécifique à chaque patient, vise à générer des CD à partir de monocytes sanguins et de progéniteurs de la moelle osseuse en présence de facteurs tels que le GM-CSF et l'IL-4, puis à les rendre mature, en utilisant un cocktail moléculaire (e.g. TNFα, IFNγ, ligands des TLR), et enfin à les charger avec un antigène tumorale.

Les sources d'antigène utilisé ont été très variées (ARN codant pour une protéine tumorale, peptides ou protéines tumorales purifiées, cellules tumorales entières fusionnées avec les CD, cellules tumorales apoptotiques ou nécrotiques, lysat de cellules tumorales). Les CD ainsi obtenues sont ensuite réinjectées dans l'organisme (en local, intra tumoral ou systémique) afin qu'elles puissent initier une réponse immunitaire anti-tumorale (Mocellin *et al.*, 2004a; Mocellin *et al.*, 2004b).

A l'heure actuelle, ce type de stratégie a pu être évalué au cours de 19 études cliniques, incluant 313 patients (Vauleon *et al.*, 2010). Sur l'ensemble de ces études, seul un patient a eu des complications neurologiques sévères (Kikuchi *et al.*, 2004), démontrant ainsi que ces stratégies sont très bien tolérées dans l'ensemble. Si le taux global de réponses cliniques est quelque peu décevant, environ 12 %, les résultats obtenus montrent tout de même un effet sur le système immunitaire encourageant. En effet, plus de la moitié des patients présentaient une réponse anti-tumorale en périphérie, et 15 des 34 patients ayant rechutés et présentant une tumeur analysable présentaient une infiltration de LT CD8$^+$ au sein de la tumeur (Vauleon *et al.*, 2010). Si les résultats montrent que celles-ci semblent induire une forte expansion et activation des LT CD8$^+$ en périphérie, la réponse anti-tumorale au sein de la tumeur n'est pas satisfaisante (Van Gool *et al.*, 2009). Il est réellement difficile de conclure de façon globale sur ces études, du fait des grandes variabilités observées dans les protocoles qu'en à la source de l'antigène, l'origine des CD, le nombre de cellules réinjectées, la présence et le type d'adjuvant, etc.

Dans le cadre où seul un antigène tumoral a été sélectionné, il est malheureusement possible que cela conduise à des phénomènes "d'immunoediting". Ce concept repose sur le fait que l'expression des antigènes est, d'une part, hétérogène et, d'autre part, soumise à une instabilité génétique. Ainsi, la réponse immunitaire engendrée pourrait ne pas cibler certains variants tumoraux, n'exprimant pas ou plus l'antigène cible, laissant ainsi la place à une récidive (Koebel *et al.*, 2007).

De plus, l'état de maturation des CD semble primordial. Ainsi, l'utilisation de CD mature serait plus performante que celle de CD immature (Yamanaka *et al.*, 2005). Dès lors, la sélection des facteurs de maturation représente un enjeu majeur. Dans ce sens, l'utilisation de PGE2 s'est peut être révélée être une erreur. En effet, le PGE2, qui peut induire la génération de Treg, conduit généralement à la génération de CD produisant peu d'IL-12, or l'importance de cette cytokine a été démontrée dans plusieurs études pré-cliniques et cliniques (Yamanaka *et al.*, 2005).

Enfin, le site de réinjection des CD chargées semble aussi être important. En effet, il a été montré que seule une injection intracrânienne induisait une activation lymphocytaire T au niveau de ganglions cervicaux (Calzascia *et al.*, 2005). L'activation des LT dans cet organe induit l'augmentation de l'expression de certaines intégrines (e.g. VLA-α4β1 « very late antigen α4β1»). C'est cette expression, en association avec la présence de CPA locales, favorise par la suite la migration de ces LT vers le SNC (Calzascia *et al.*, 2005; Sasaki *et al.*, 2007). Or, parmi les études cliniques réalisées, le site de réinjection des cellules chargées fut principalement intra-dermique ou sous-cutanée. Une seule étude a concerné des injections à la fois intra-dermiques et intra-tumorales des CD (Yamanaka *et al.*, 2005).

L'ensemble de ces données implique donc que les protocoles d'immunothérapie active, basés sur la manipulation de CD, nécessiteraient d'être optimisé.

IV-4-2) L'immunothérapie active « non-spécifique d'antigène » ou *in situ*

L'immunothérapie active « non-spécifique d'antigène », malgré sa dénomination, vise aussi à induire une réponse immunitaire anti-tumorale spécifique. Néanmoins, cette approche cherche à favoriser de façon globale le système immunitaire *in situ* afin que celui-ci cible lui-même le ou les antigènes tumoraux, évitant ainsi les risques de sélection de variants tumoraux et permettant aussi la mise en place d'une stratégie universelle. Cette approche, qui repose surtout sur l'utilisation de molécules adjuvantes permettant la réactivation du système immunitaire, peut aussi concerner les stratégies d'élimination de l'immunosuppression (e.g. déplétion des Treg).

IV-4-2-1) Utilisation d'adjuvants

Les adjuvants, largement utilisés dans les vaccins dirigés contre les maladies infectieuses, regroupent l'ensemble des préparations permettant de stimuler le système immunitaire. Les stratégies d'immunothérapie antitumorale reposent essentiellement sur l'utilisation d'adjuvants naturels, tels que les « protéines de choc thermique », et de dérivés microbiens.

Les « protéines de choc thermique », mieux connues sous le nom de HSP (« Heat Shock Proteins »), sont induites en réponse à divers stress, dont les chocs thermiques bien évidemment, mais aussi les radiations, l'hypoxie, la restriction alimentaire, etc... Ces protéines chaperonnes participent à de nombreuses fonctions biologiques telles que le maintien de l'homéostasie cellulaire, le transport vésiculaire, la protection des protéines intracellulaire de l'agrégation en cas de stress, en étant impliquées dans diverses voies de signalisations et en possédant des propriétés immunologiques (Bolhassani & Rafati, 2008; Ge *et al.*, 2010). Néanmoins, les fonctions immunologiques des HSP ne concernent que certains membres de cette grande famille, tels que les

HSP70 et Gp96. Ces dernières, étant d'une part reconnues par des récepteurs présents sur les CPA et, d'autre part, pouvant se fixer à des peptides antigéniques, jouent un rôle d'opsonine en favorisant l'endocytose des antigènes par les CPA. De plus, les HSP induisent la maturation des CD, favorisent les phénomènes d'apprêtement de l'antigène, et donc la présentation en association avec les molécules du CMH cl I et CMH cl II (Castelli *et al.*, 2004; Nishikawa *et al.*, 2008). L'efficacité des HSP a été évaluée au cours d'études cliniques de phase I/II, qui montrent que des protéines gp96, issues de la tumeur autologue, induisent 18 % de réponses cliniques chez des patients porteurs de mélanomes métastatiques (Belli *et al.*, 2002).

Les adjuvants utilisés en recherches peuvent aussi être constitués d'éléments d'origine microbiennes (e.g. ADN et ARN bactériens et viraux, LPS,). Ces ligands de récepteur de l'immunité innée, tels que les PRRs et plus particulièrement les TLRs (cf. ''III-3-1) Présentation des TLRs''), vont ainsi induire l'activation du système immunitaire en simulant une infection. Concernant les tumeurs cérébrales, il a été montré que l'utilisation des ligands des TLR1/2, TLR7 et TLR9 permettait d'améliorer le taux de survie de souris porteuses d'un gliome (Grauer *et al.*, 2008b). Le CpG-ODN, agoniste du TLR9, représente le candidat idéal puisqu'il permet d'activer les CPA infiltrant les tumeurs cérébrales, telles que les cellules microgliales, et qu'il favorise la capacité de présentation antigénique croisée, et donc l'induction d'une réponse anti-tumorale protectrice (Visintin *et al.*, 2001; Dalpke *et al.*, 2002b; Hoshino *et al.*, 2002; Beauvillain *et al.*, 2008). Récemment, le CpG-ODN a été évalué en étude clinique de phase I et II et présente des résultats plus qu'encourageant (Carpentier *et al.*, 2006a; Carpentier *et al.*, 2010).

IV-4-2-2) Implication des Treg au sein des tumeurs cérébrales

Chez l'homme, le lien entre tumeurs cérébrales et Treg reste mal caractérisé. En effet, si plusieurs travaux ont porté sur l'infiltrat lymphocytaire, peu se sont penchés sur les différentes sous-populations (Humphries *et al.*, 2010). Néanmoins, la présence de Treg Foxp3[+] au sein des tumeurs cérébrales est corrélée à une diminution de l'activité des LT effecteurs (Fecci *et al.*, 2006). La proportion des Treg CD4[+]/Foxp3[+] parmi les LT CD4[+] est plus grande suivant le grade de la tumeur et est associée à un mauvais pronostique (Heimberger *et al.*, 2008; Jacobs *et al.*, 2009; Jacobs *et al.*, 2010). De plus, une étude menée chez la souris à permis de montrer que le nombre absolu de Treg augmentait au cours du développement d'un gliome (Grauer *et al.*, 2007c). Le recrutement des Treg peut s'expliquer d'une part par la forte expression du CCR4, le récepteur aux chémokines CCL2 et CCL22, par les Treg, et d'autres part par la sécrétion accrue de ces deux chémokines par les tumeurs de haut grade (Jacobs *et al.*, 2010).

L'élimination des Treg dans le traitement des tumeurs cérébrales semble être une approche intéressante. En effet, l'utilisation d'anticorps anti-CD25 et/ou anti-CTLA-4 dans le traitement de tumeur cérébrale chez la souris permet d'améliorer globalement la survie et d'induire de long survivants chez les animaux traités (El Andaloussi *et al*., 2006a; Fecci *et al*., 2006; Grauer *et al*., 2007c; Grauer *et al*., 2008c). L'élimination des Treg favorise de façon globale l'activité anti-tumorale des cellules du système immunitaire, puisqu'elle favorise la prolifération et la sécrétion de cytokines pro-inflammatoire par LT (Rech & Vonderheide, 2009a), l'activité des LB (Rad *et al*., 2006), la génération de cellules NK « hyperactivées » (Kottke *et al*., 2008a) et l'activité de présentation antigénique des CPA (Curtin *et al*., 2008; MacConmara *et al*., 2011)

OBJECTIFS DU TRAVAIL DE THESE

La survie des patients atteints de tumeurs cérébrales étant toujours de pronostic extrêmement défavorable, la recherche s'oriente vers de nouvelles thérapies (Johnson & Sampson, 2010; Khasraw & Lassman, 2010). L'immunothérapie active, en tant que traitement alternatif ou adjuvant, représente une approche intéressante dans le traitement de ces cancers (Dietrich *et al.*, 2010). Celle-ci, en favorisant la génération de lymphocytes T cytotoxiques (LTc), permet d'une part d'éliminer spécifiquement les cellules tumorales sans affecter le tissu sain, et d'autre part d'empêcher les récidives en dotant l'organisme d'une mémoire immunitaire. De nombreux essais thérapeutiques basés sur la réinjection de cellules dendritiques (CD), chargées avec des antigènes (Ag) ou lysats tumoraux ont été réalisés ces dernières années (Vauleon *et al.*, 2010). Malheureusement, cette approche voit son efficacité limitée du fait que la migration et/ou la survie des DC réinjectées soient réduites, mais également du fait de la présence de l'environnement immunosuppresseur au niveau du site tumoral. Pour pallier ces problèmes, des traitements basés sur la restimulation *in vivo* du système immunitaire sont développés. Ceux-ci visent à favoriser l'environnement immunologique, d'une part en levant des facteurs cellulaires et/ou moléculaires d'immunosuppression, et d'autre part en apportant des molécules stimulatrices. Cette approche, qui permet de prendre en compte l'ensemble des antigènes exprimés par les cellules tumorales, est toutefois dépendante du statut immunologique de l'organe ciblé.

Le système nerveux central (SNC) possède un statut immunologique particulier où les réactions immunitaires sont très contrôlées. Celui-ci est notamment dû à la présence de la barrière hémato-encéphalique (BHE), à l'absence d'un drainage antigénique conventionnel, à la faible expression des molécules d'histocompatibilité (CMH) et à la présence de molécules anti-inflammatoires (e.g. TGFβ) (Bailey *et al.*, 2006a). Ainsi lors de son développement, une tumeur cérébrale va donc bénéficier de ce statut particulier et n'être que peu affectée par le système immunitaire périphérique. Toutefois, le SNC est aussi caractérisé par la présence des cellules microgliales, réseau unique de cellules immunitaires d'origine myéloïde présentes de façon constitutive dans le parenchyme cérébrale (Kettenmann *et al.*, 2011; Prinz & Mildner, 2011). Ces cellules peuvent à la fois participer aux mécanismes de neuroprotection mais aussi, après activation, jouer le rôle de cellules présentatrices d'antigènes (CPA) (Lehnardt, 2010).

L'initiation d'une réponse lymphocytaire cytotoxique anti-tumorale dépend des mécanismes de présentation antigénique. Classiquement, la présentation antigénique est définie en fonction de l'origine des antigènes. Les antigènes exogènes sont associés au complexe majeur d'histocompatibilité de classe II (CMH cl II), activant les LT auxiliaires (Harding *et al.*, 1995b; Watts, 1997b), tandis que les antigènes endogènes sont associés aux CMH cl I et induisent les LTc (Yewdell & Bennink, 1999b). La présentation antigénique croisée est une alternative qui permet la présentation d'Ag exogènes par les molécules CMH cl I, favorisant ainsi l'activation direct des LTc (Guermonprez & Amigorena, 2005a; Shen & Rock, 2006a).

Utilisant des modèles murins de tumeurs cérébrales, il a été montré que des CPA au sein de la tumeur, possédant une activité de présentation antigénique croisée, permettaient le recrutement et la rétention des LT CD8[+] et favorisaient ainsi le rejet tumoral (Walker *et al.*, 2000; Calzascia *et al.*, 2003a). Néanmoins, les cellules responsables de cette activité n'avaient pas été identifiées au cours de ces études. Les cellules microgliales, premières CPA infiltrant de façon abondante la masse tumorale, nous semblaient des candidats particulièrement intéressant. De plus, ces cellules semblent également capables sous l'effet du GM-CSF de dériver en CD (Fischer & Reichmann, 2001a), les CPA les plus performantes de l'organisme. **Le premier objectif de mon travail de thèse était donc de déterminer si les cellules microgliales étaient capables de présentation antigénique croisée et d'activer des LT CD8[+] naïfs.**

Le second objectif de mon travail de thèse a porté sur l'évaluation d'un protocole préclinique d'immunothérapie active dans le traitement de tumeurs cérébrales. Une façon efficace de stimuler les cellules du système immunitaire, et notamment les CPA, est d'utiliser les agonistes des récepteurs de l'immunité innée tels que les « Toll Like Receptor » (TLR). Le CpG-ODN, agoniste du TLR 9, représente le candidat idéal puisqu'il permet d'activer les CPA infiltrant les tumeurs cérébrales, notamment les cellules microgliales (Dalpke *et al.*, 2002a). Cette molécule favorise la capacité de présentation antigénique et donc l'induction d'une réponse lymphocytaire anti-tumorale protectrice (Hartmann *et al.*, 2003; Ponomarev *et al.*, 2007; Beauvillain *et al.*, 2008). Toutefois, son action seule n'induit pas systématiquement le rejet des cellules tumorales, surtout dans le contexte immunologique particulier du SNC (Meng *et al.*, 2005; Brown *et al.*, 2006; El Andaloussi *et al.*, 2006c; Grauer *et al.*, 2007a; Grauer *et al.*, 2008a). Les tumeurs cérébrales sont aussi caractérisées par la présence de lymphocytes T régulateurs (Treg) (Jacobs *et al.*, 2010), cellules qui assimilent les antigènes tumoraux à des peptides du soi et conduisent à l'anergie du système immunitaire (Sakaguchi, 2011). Des précédents travaux, dans des modèles précliniques de tumeurs cérébrales, ont montré qu'il était possible d'éliminer temporairement ces cellules par injection d'anticorps anti-CD25 et ainsi de favoriser une réponse anti-tumorale protectrice (El Andaloussi *et al.*, 2006a; Grauer *et al.*, 2007b; Grauer *et al.*, 2008c). Ainsi, nous avons développé le modèle murin intracrânien de lymphome E.G7 et testé un protocole thérapeutique reposant à la fois sur l'élimination temporaire des Treg et sur l'injection intratumorale de CpG-ODN.

PREMIERE PUBLICATION

Adult microglia cross-present exogenous antigen to promote naive CD8[+] T lymphocytes *in vivo*

Ulrich Jarry[1,2], Sabrina Donnou[1,2], Laurent Pineau[1,2], Delphine Jarnet[3], Yves Delneste[1,2,4] and Dominique Couez[1,2]

[1] Institut National de la Santé et de la Recherche Médicale, Unité 892, Centre de Recherche en Cancérologie Nantes-Angers, Angers, France
[2] Université d'Angers, UMR_S 892, Angers, France
[3] Centre Régional de Lutte Contre le Cancer, Centre Paul Papin, Angers, France
[4] CHU Angers, Laboratoire d'Immunologie et Allergologie, Angers, France

La présentation antigénique croisée, nouveau processus permettant la présentation de peptides antigéniques exogènes par les molécules CMH cl I, est essentiel pour générer des lymphocytes T cytotoxiques (LTc) dirigés contre des antigènes exprimés par des cellules tumorales (Guermonprez & Amigorena, 2005a; Shen & Rock, 2006a). De précédents travaux du groupe du Dr P. Walker ont montré que la présentation antigénique croisée pouvait avoir lieu au sein du système nerveux central et qu'elle pouvait être impliquée dans l'élimination d'une tumeur cérébrale. Néanmoins, ils n'avaient pas identifié les cellules responsables de cette activité (Calzascia et al., 2003b; Walker et al., 2003). De part leur localisation intra-parenchymateuse, les cellules microgliales représentent un candidat potentiel. Ces cellules constituent un réseau unique de cellules du système immunitaire au sein du SNC. Au stade néonatal, elles assurent essentiellement des fonctions de remodelage du tissu nerveux et régulent la survie des neurones. Au cours de la vie adulte, les cellules microgliales se présentent sous forme quiescente et assurent une fonction d'immunosurveillance. A la moindre perturbation de leur environnement, les cellules microgliales deviennent activées, acquièrent une morphologie plus amiboïde, et expriment toutes les molécules nécessaires à la présentation de l'antigène aux lymphocytes T (e.g. CMH cl. I et II, CD80, CD86).

De précédents travaux menés durant mon stage de M2, ont permis de démontré que les cellules microgliales néonatales et adultes pouvaient, *in vitro,* capturer un antigène exogène soluble (l'ovalbumine) et activer en retour des lymphocytes T CD8$^+$ spécifiques naïfs (LT CD8$^+$ de souris OT-1). L'utilisation de lactacystine (inhibiteur du protéasome) et de cellules microgliales issues de souris déficiente en TAP ont permis de démontrer que cette activité faisait intervenir la voie du protéasome et était dépendante du transporteur TAP. De plus, ayant récupéré des cellules microgliales à partir de souris qui avaient reçu au préalable une injection intracrânienne d'ovalbumine, nous avons pu démontrer que la microglie pouvait *in vivo* capturer et apprêter l'antigène d'intérêt. Enfin, en utilisant des agents stimulants (CpG-ODN et GM-CSF), nous avons montré que la capacité de présentation antigénique croisée des cellules microgliales était potentialisable. L'ensemble de ces résultats a donné lieu à une publication dans la revue Glia mis en annexe (Beauvillain C.[*], Donnou S.[*], **Jarry U**. *et al*, 2008).

Néanmoins, le SNC présente un statut immunologique particulier où les réponses immunitaires sont finement contrôlées par les neurones et les astrocytes. Il était donc légitime de chercher à savoir si l'activité de présentation antigénique croisée des cellules microgliales et l'activation de LT CD8$^+$ naïfs étaient effectives *in vivo,* confinées dans cet environnement immunosuppresseur.

Cependant, suite à une perturbation au sein du SNC, d'autres CPA, périphériques et associées au SNC, infiltrent le parenchyme nerveux (Fischer & Reichmann, 2001b; Reichmann *et al*., 2002b; Platten & Steinman, 2005a; Almolda *et al*., 2010). Ces cellules étant douées de la capacité de présentation antigénique croisée (Debrick *et al.*, 1991b; Kurts *et al.*, 1997b; Banchereau & Steinman, 1998; Randolph *et al.*, 2008a; Kurts *et al.*, 2010), il ne serait pas possible de déterminer si l'activité observée est due aux cellules microgliales résidentes et/ou à ces cellules infiltrantes.

Pour répondre à notre question, nous avons développé un modèle de souris rendues aplasiques par irradiation, à l'exception de la tête, au sein duquel les cellules microgliales sont les seules cellules CPA fonctionnelles.

Adult microglia promotes *in vivo* naive CD8[+] T cells by antigen cross-presentation

Ulrich JARRY[1,2], Sabrina DONNOU[1,2], Laurent PINEAU[1,2], Delphine JARNET[3], Yves DELNESTE[1,2,4] and Dominique COUEZ[1,2]

[1] Institut National de la Santé et de la Recherche Médicale, Unité 892, Centre de Recherche en Cancérologie Nantes-Angers, Angers, France
[2] Université d'Angers, UMR_S 892, Angers, France
[3] Institut de cancérologie de l'Ouest Paul Papin, Angers, France
[4] CHU Angers, Laboratoire d'Immunologie et Allergologie, Angers, France

Running title: Microglia cross-present exogenous antigen *in vivo*.

Words number: 6211
Abstract: 197
Introduction: 496
Materials and methods: 997
Results: 1100
Discussion: 787
Acknowledgements: 107
Conflict of interest: 31
Figures legends: 562
Reference: 1931

Corresponding author:
Pr Dominique COUEZ
Unité Inserm 892, Institut de biologie en santé, 4 rue Larrey, CHU, 49933 Angers.
Tel: +33 (0) 244 688 301
Fax: +33 (0) 244 688 302
e-mail : dominique.couez@univ-angers.fr

Key words: Neuroimmunology, CNS, adult microglia, Ag cross-priming

Abbreviations: APC, antigen presenting cells; CNS, central nervous system; PAMP, pathogen-associated molecular patterns; PRR, pathogen recognition receptors; TLR, Toll-like receptors

ABSTRACT

Microglia are the major myeloid immunocompetent cells of the brain parenchyma. In a steady state, microglia sense their environment for pathogens or damaged cells. In response to neural injury or inflammation, microglia become competent antigen-presenting cells (APC) able to prime $CD4^+$ and $CD8^+$ T lymphocytes. We have demonstrated that neonatal and adult microglia cross-present exogenous soluble antigens *in vitro* and *ex vivo*. However, whether microglia are able to cross-present naive $CD8^+$ T cells *in vivo* remained undetermined. Moreover, the presence of infiltrating peripheral $CD11b^+$ cells in inflamed parenchyma, that are functionally and phenotypically indistinguishable from activated microglia, make addressing this question more difficult. We have thus set up an original protocol, based on the mice body irradiation (except the head), in order to exclude the involvement of migrating peripheral APC. Results showed that resident microglia cross-present *in vivo* exogenous Ag and prime naive $CD8^+$ T lymphocytes. Moreover, their Ag cross-presentation activity is potentiated by a multistep activation process, including pro-inflammatory signals (CpG-ODN and GM-CSF) and sCD40L. This study demonstrates that full activation of microglia following the engagement of CD40 is required to carry out all their Ag cross-priming and to overcome the inhibitory constraints of the brain.

INTRODUCTION

The brain parenchyma is a highly specialized immune site. The presence of the blood-brain barrier (BBB), the lack of conventional lymphatic drainage, the constitutive production of immunomodulatory cytokines and the presence of microglia, profoundly control immune responses (Bailey *et al.*, 2006b; Kaur *et al.*, 2010; Madsen & Hirschberg, 2010; Wilson *et al.*, 2010)

Microglia are now recognized as key players of the intrinsic brain immune system. They can derive either from (i) mesodermal precursors which are thought to invade specific sites over the embryonic brain and to later colonize the brain parenchyma before formation of the BBB, or (ii) from blood or bone marrow progenitors (Kennedy & Abkowitz, 1997; Kaur *et al.*, 2001b; Streit, 2001; Hess *et al.*, 2004a; Chan *et al.*, 2007a; Schmitz *et al.*, 2009). Resting microglia differ functionally and phenotypically from their peripheral counterparts and central nervous system (CNS)-associated macrophages (Mφ) and dendritic cells (DCs) (Kettenmann *et al.*, 2011; Prinz & Mildner, 2011), which are enclosed by a perivascular basement membrane within blood vessels. In the healthy adult brain, these resident innate immune cells are characterized by a highly ramified morphology, low expression of CD45 and of Fc receptor, and low to undetectable expression MHC-II and costimulatory molecules (Havenith *et al.*, 1998; Donnou *et al.*, 2005b; Beauvillain *et al.*, 2008). These ramified microglia play a central role in the immune surveillance by sensoring any environmental changes (Kreutzberg, 1996; Davalos *et al.*, 2005; Nimmerjahn *et al.*, 2005; Wake *et al.*, 2009). Through the expression of the pattern recognition receptors (PRR), including scavenger receptors (SR) and Toll-like receptors (TLRs), microglia monitor both microbial and host-derived ligands within the CNS (Janeway & Medzhitov, 2002a; Akira, 2003; Olson *et al.*, 2004; Lehnardt, 2010). In response to injury, inflammation or neuronal degeneration, microglia are rapidly activated, migrate to the lesion site and proliferate. They secrete numerous cytokines, chemokines, neurotrophic and cytotoxic factors, gain phagocytic property and upregulate or express cell surface markers such as MHC–II, CD80 and CD86 (Ponomarev *et al.*, 2005b; Ghosh & Chaudhuri, 2010; Graeber, 2010). Activated microglia acquire potent APC properties and can activate CD4$^+$ and CD8$^+$ T lymphocytes (Ford *et al.*, 1995b; Aloisi *et al.*, 1998a; Badie & Schartner, 2001b; Jack *et al.*, 2007).

In the classical view of Ag presentation, exogenous antigens are presented in the MHC-II molecules to CD4$^+$ T cells (Harding *et al.*, 1995a; Watts, 1997b) while endogenous antigens are presented into the MHC–I molecules to CD8$^+$ T cells (Yewdell & Bennink, 1999b). However, in some conditions, exogenous Ag can be presented in the MHC-I molecules, a process called Ag cross-presentation (Guermonprez & Amigorena, 2005a; Shen & Rock, 2006a). Cross-presentation is involved in immune responses to infections, cancer and some autoimmune diseases (Kurts,

Robinson et al. 2010). This property has been evidenced in dendritic cells (DC), the most potent antigen cross-presenting and cross-priming cell type (Kurts *et al.*, 1997b; Banchereau & Steinman, 1998; Kurts *et al.*, 2010)), Mφ (Debrick *et al.*, 1991b; Randolph *et al.*, 2008a), B cells (Hon *et al.*, 2005b), and neutrophils (Beauvillain *et al.*, 2007).

Some observations reported that cross-presentation occurring in the CNS, allowing CD8[+] T cells retention and are involved in brain immune response, such as tumor elimination (Walker *et al.*, 2000; Calzascia *et al.*, 2003a). Recently, we demonstrated that microglia cross-present exogenous soluble antigens *in vitro* and *ex vivo* (Beauvillain *et al.*, 2008). However, the *in vivo* cross-presentation capacity of resident microglia remains undetermined.

In response to injuries, peripherals and CNS-associated APC infiltrate the brain. Moreover, under inflammatory conditions, microglia can acquire characteristics rending them indistinguishable from infiltrating Mφ or DCs (Fischer & Reichmann, 2001b; Reichmann *et al.*, 2002a; Donnou *et al.*, 2005b; Platten & Steinman, 2005b; Almolda *et al.*, 2010). We have thus set up an original protocol based on excepted-head mice body irradiation, allowing eliminating most of the peripheral CD45[+] immune cells without affecting microglia. This protocol allowed to demonstrate that microglia, under appropriate stimulation, cross-present *in vivo* exogenous Ag and promote naive CD8[+] T cells.

MATERIALS AND METHODS

Animals

C57BL/6J CD45.2[+] and OVA-specific TCR transgenic OT-1 mice were purchased from Charles River laboratories (L'Arbresle, France). C57Bl/6J CD45.1[+] mice were purchased from the CDTA (Orléans, France). Mice were bred in our animal facility under specific pathogen-free status and were manipulated according to institutional guidelines. All protocols were approved by the ethical committee of Pays de la Loire. Mice were used between 6 and 12 weeks of age. All experiments were performed on anesthetized mice, by intraperitoneal injection of ketamine (10 μg/g) and xylazine (1 μg/g).

Irradiation of mice

Mice were exposed to 4 to 16 Gy body irradiation excluding head (hereafter referred to as irradiated mice), using a Linear accelerator (Clinac®; Varian Medical Systems, Salt Lake City, UT). Irradiations were delivered by a 6 MV beam with an adapted field. The dose rate was 4 Gy/min.

Irradiated mice were treated with ciprofloxacin (Ciflox®; Bayer, Puteaux, France) in drinking water (20 mg/L).

Reagents

Ovalbumin (OVA) and BSA (Affiland, Ans-Liege, Belgium) were dialyzed before use (Reis e Sousa and Germain, 1995). The oligodeoxynucleotide CpG-ODN 1826 (5'-*TCC ATG ACG TTC CTG ACG TT*-3'), used as a TLR9 agonist (Yi *et al.*, 1998), was purchased from MWG-biotech (Ebersberg, Germany). Mouse GM-CSF and soluble CD40L (sCD40L) were from BioVision (Mountain View, CA).

Cell isolation

Brain cells were isolated as previously described (Donnou *et al.*, 2005b). Briefly, perfused brains were removed, crushed and filtered on 100 μm diameter filters. Cells were enriched by a discontinuous 30:70% isotonic Percoll gradient (Sigma-Aldrich, St Louis, MO). For *ex vivo* cross-presentation assays, adult microglia were isolated by positive selection using anti-CD11b mAb-coated microbeads (Myltenyi Biotec, Bergisch-Gladbach, Germany), according to the manufacturer's instruction. Cell purity, determined by flow cytometry using PE-labeled anti-CD11b mAb (clone M1/70; eBioscience, San Diego, CA), was routinely > 90 %.

Bone marrow, spleen and cervical lymph node cells were isolated after crushing tissues.

OT-1 CD8[+] T cells were isolated from spleen and lymph nodes using MACS technology, according to the manufacturer's instructions (Myltenyi Biotec). Briefly, cells were incubated with the CD8 isolation cocktail, containing biotin-conjugated anti-CD4 (clone L3T4), anti-CD45R (clone B220), anti-CD49b (clone DX5), anti-CD11b (clone Mac-1) and anti-Ter-119 mAbs, and were magnetically sorted using anti-biotin mAb-coated microbeads. Contaminating CD11c[+] DC were eliminated by negative selection (Myltenyi Biotec). Naive CD8[+] T lymphocytes were isolated on CD62L expression (Mylteniy Biotec). Purity of CD8[+] T cells, determined by FACS using APC-Alexa Fluor® 750 anti-CD8 (clone 53-6.7), FITC anti-CD62L (clone MEL-14) and PE anti-CD11c (clone N418) mAbs, was greater than 98%. These anti-mouse mAbs and isotype-matched controls were from eBioscience. When indicated, OT-1 naive CD8[+] T cells were stained with CFDA-SE according to the manufacturer recommendation (Molecular Probes, Eugene, OR).

Stereotaxic injection

For cerebral injection of OVA, BSA, sCD40L, CpG-ODN, GM-CSF and/or implantation of OT-1 CD8[+] T cells, anesthetized mice were placed in a stereotactic frame (Stoelting, Dublin, Ireland) and underwent an injection in the ventral-posterior region of the frontal lobe (0.5 μL/min). The total volume injected never exceeded 10 μL. After injection, the syringe was held in place for an additional minute and was slowly removed to avoid backfilling of the solution.

Flow cytometry analysis

After Fc receptor saturation by incubation with anti-CD16/CD32 mAb, cells were incubated for 30 min on ice with PE or PE-Cy7 anti-CD45 (clone 30-F11), PE or PE-Cy7 anti-CD45.1 (clone A20), PE anti-CD45.2 (clone 104), APC or APC-Cy7 anti-CD11b (clone M1/70), PE-Cy5 or FITC anti-CD80 (clone 16-10A1), PE anti-CD86 (clone GL1), PE anti-H-2D^b (clone 28-14-8), APC anti-I-A^b (clone M5/114.15.2) mAbs or isotype-matched controls (all from eBiosciences). Fluorescence was analyzed on a FACSaria cytofluorometer, using the DIVA software (Becton Dickinson, Erembodegem, Belgium). Results were analyzed using the Flowjo software (Tree Star, Ashland, OR).

Analysis of antigen cross-presentation and cross-priming by peripheral cells

To evaluate *in vitro* cross-presentation of peripheral cells, spleen cells were isolated from non irradiated or irradiated mice two days after irradiation. Cells were incubated for 8 h with 100 μM OVA or BSA before coculture with OT-1 CD8$^+$ T cells for 24 h (cell ratio 1:2). T cell activation was evaluated by quantifying IL-2 and IFNγ □□by ELISA (BD Pharmingen, San Diego, CA) in the supernatants.

To evaluate *in vivo* cross-presentation of peripheral cells, 2.x10^6 CFDA-SE-labeled OT-1 CD8$^+$ T cells were injected intravenously (i.v.) three days after mice irradiation. 24 h later, mice were subcutaneously (s.c.) injected with 500 μg OVA or BSA emulsified with CFA (Sigma-Aldrich). Spleen and lymph nodes were collected 48 h later for CFDA-SE analysis by FACS.

Analysis of antigen cross-presentation and cross-priming by CNS cells

To evaluate *ex vivo* cross-presentation of CNS cells, 200 μg OVA or BSA were injected in the brain, three days after irradiation. The day after, CD11b$^+$ CNS cells were magnetically sorted and incubated with OT-1 CD8$^+$ T cells (cell ratio 1:2). T cell activation was evaluated by quantifying IL-2 and IFNγ □by ELISA in the 24 h culture supernatants.

To evaluate *in vivo* cross-presentation of CNS cells, 200 μg OVA or BSA were injected in the brain three days after irradiation. One day later, 2x10^6 CFDA-SE-labeled OT-1 CD8$^+$ T cells were implanted in the same location. CNS cells were collected two days later for FACS analysis. In some experiments, OVA or BSA were injected with 10 μg CpG-ODN, 1 μg GM-CSF and 1 μg sCD40L. OT-1 CD8$^+$ T cell proliferation was evaluated by FACS analysis of CFDA-SE labeling. OT-1 CD8$^+$

T cell activation was evaluated by quantifying IFN□ production, using the mouse IFNγ secretion assay kit (Myltenyi Biotec). Briefly, brain cells were incubated 3 h with the OVA peptide SIINFEKL (Affiland), 10 min on ice in the presence of mouse IFNγ catch reagent, before additional 45 min incubation at 37 °C in RPMI medium. Cells were then labelled for 10 min on ice with the APC IFNγ detection reagent. Cell florescence was analyzed by FACS.

Statistical analysis

Data are shown as mean ± SD and were analyzed by the Student's t test to reveal significant differences (*p<0.05 ; **p<0,005 ; ***p< 0.0005). GraphPad Prism 5.0 software (GraphPad Software, San Diego, CA) was used for all statistical analyses.

RESULTS

1) Body irradiation eliminates most of peripheral immune cells without affecting microglia.

To determine the capacity of microglia to cross-present exogenous Ag *in vivo*, we had to set up a protocol allowing to eliminate most of the peripheral immune cells. The entire body, except the head, was exposed to 4 - 16 Gy irradiation. The presence of CD45$^+$ cells in the bone marrow (BM), spleen, cervical lymph nodes (cLN) and central nervous system (CNS), was evaluated 3 days later. Results showed that 16 Gy irradiation eliminated all CD45$^+$ cells in BM and more than 80% of CD45$^+$ cells in spleen and cLN (Fig. 1A). In contrast, the percentage of CD45$^+$ cells in the CNS was not affected (Fig. 1A). CD11b$^+$ cells in the CNS of irradiated mice exhibited similar levels of H2-K^b, I-A^b, CD80 and CD86 than non-irradiated mice (Fig. 1B), suggesting that resident CD11b$^+$ cells were not activated by the irradiation procedure and kept a resting phenotype. The only significant modification in the CNS of irradiated mice was the disappearance of CD11b$^+$/CD45^{high} cells. In healthy brain, only microglia are characterized by CD45^{low} expression, while CNS-associated Mφ and DCs, such as meningeal, choroid plexus, and perivascular Mφ and DCs, expres CD45 at a intermediate to a high level (Fischer & Reichmann, 2001b; Donnou *et al.*, 2005b). These results demonstrate that a 16 Gy irradiation preserves resident microglia into a quiescent state, and eliminates the other CNS-associated APC and most of the peripheral CD45$^+$ cells.

2) Irradiation impairs cross-presentation by peripheral APC.

Since some peripheral immune cells (~ 20 %) were still detectable after irradiation, we had to evaluate whether they may interfere with the cross-presentation activity of microglia.

First, the cross-presentation activity of peripheral APCs was explored *in vitro*. Briefly, spleen cells from irradiated and non-irradiated mice were collected, incubated with OVA and then, cultured with OT-1 CD8$^+$ T cells. Results showed that spleen cells isolated from irradiated mice induced lower levels of IL-2 compared to non-irradiated mice (49.27 ± 24.76 and 420.43 ± 48.68 pg/mL, respectively; mean ± SD, n=3) (Fig 2A, left panel). Similar results were obtained when quantifying INFγ (42.50 ± 9.53 and 550.27 ± 39.95 pg/mL, respectively; mean ± SD, n=3) (Fig 2A, right panel). These data show that peripheral APCs, isolated from irradiated mice, were no longer able to activate OT-1 CD8$^+$ T cells efficiently.

Second, the cross-presentation activity of peripheral APCs was evaluated *in vivo*. OVA or BSA were injected in irradiated and non-irradiated mice, the day after injection of CFDA-SE-labeled OT-1 CD8$^+$ T cells. T cell proliferation was evaluated in spleen by monitoring CFDA-SE-labelling by FACS. In control mice, 90 % of OT-1 CD8$^+$ T cells divided at least once in response to OVA/CFA injection, and more than 60 % of these cells exhibited 4 or more cell divisions (Fig. 2B, upper panel). In contrast, only 20% of OT-1 CD8$^+$ T cells divided once in irradiated mice in response to OVA/CFA injection (Fig. 2B, lower panel). No cell division was observed in irradiated and non-irradiated mice after injection of BSA/CFA (Fig 2B). Collectively, these data showed that irradiation profoundly affected the cross-presentation capacity of peripheral APC.

3) Microglia cross-prime *ex vivo* soluble antigen to naive CD8$^+$ T cells.

In order to evaluate whether irradiation may affect the cross-presentation capacity of microglial cells, *ex vivo* cross-presentation assays were done using CD11b$^+$ cells isolated from irradiated and non-irradiated mice injected intracerebrally with OVA or BSA, as previously described (Beauvillain *et al.*, 2008). Results showed that CD11b$^+$ cells isolated from non-irradiated and irradiated mice injected with OVA induced IL-2 (50.87 ± 6.56 and 28.83 ± 1.27 pg/mL, respectively; mean ± SD, n=3) (Fig 3A) and IFNγ production (356.63 ± 18.48 and 99.23 ± 20.30 pg/mL, respectively) (Fig 3B). No significant production of IL-2 and IFNγ was observed after BSA injection (Fig 3).

We thus investigated whether the cross-presentation activity of microglial cells could be potentiated. Results showed that injection of CpG-ODN, GM-CSF and sCD40L in irradiated mice increased the production of IL-2 (56.25 ± 2.62; mean ± SD, n=3; **p<0,005) (Fig 3A) and IFNγ (369.75 ± 25.95 pg/ml) (Fig 3B). Interestingly, this stimulation was associated with an increased expression of CD11b, H2-K^b and, in a lower extent, of CD80 on CD11b$^+$ microglial cells, while in contrast, I-A^b and CD86 remained unaffected (Fig. 3C).

These results demonstrated that microglia are able to cross-present exogenous antigen *in vivo* and to cross-prime specific CD8$^+$ T cells *in vitro*.

4) Microglia cross-present soluble antigen to promote naive CD8 T lymphocytes *in vivo*.

As the brain microenvironment is characterized by a constitutive immune suppression which may directly affect the activity of microglial cells, we next evaluated their capacity to induce *in vivo* the proliferation of naive OT-1 CD8$^+$ T cells. CFDA-SE-labeled OT-1 CD8$^+$ T cells were injected in irradiated and non-irradiated mice, the day after injection of OVA or BSA. The proliferation of OVA specific T cells was monitored by evaluating CFDA-SE-labeling. Results showed that intracerebral injection of OVA in non-irradiated mice induced a strong T cell proliferation in the CNS (more than 90 % cells exhibited 2 or more cell divisions) (Fig. 4A, lower right panel). Interestingly, intracerebral OVA injection in irradiated mice induced a limited but reproducible proliferation of 40 % of OT-1 CD8$^+$ T cells, among which 20 % exhibited at least 2 cell divisions (Fig. 4A, upper right panel). No significant proliferation was observed when irradiated or non-irradiated mice were injected with BSA (Fig 4A left panel). Moreover, the injection of CpG-ODN, GM-CSF and sCD40L, at the same time than OVA, in irradiated mice induced approximately 70 % increase of the proliferating rate of OT-1 CD8$^+$ T cells. Among them, 50 % exhibited 2 to 4 rounds of division (Fig. 4B). In order to evaluate the activation state of OT-1 CD8$^+$ T cells, the IFNγ secretion was assessed. Interestingly, in non-irradiated and irradiated mice, OVA injection did not increase the frequency of IFNγ producing OT-1 CD8$^+$ T cells (3.28 ± 0.22 and 2.56 ± 0.22 % respectively, mean ± SD, n=3; **p<0,005) compared to injection of BSA (2.22 ± 0.77 and 2.45 ± 0.24 %, respectively). However, CpG-ODN, GM-CSF and sCD40L stim increased the frequency of IFNγ producing OT-1 CD8$^+$ T cells in non-irradiated and irradiated mice (4.60 ± 0.22 and 7.41 ± 1.64 %, respectively). In contrast, CpG-ODN, GM-CSF and sCD40L with BSA did not modulate the frequency of INFγ producing OT-1 CD8$^+$ T cells in non-irradiated and irradiated mice (3.25 ± 0.26 and 2.00 ± 0.89 %, respectively).

Collectively, these data demonstrate that parenchymal microglia, under appropriate, efficiently cross-present soluble antigen *in vivo* to naive specific CD8$^+$ T cells, inducing their proliferation and IFNγ secretion.

DISCUSSION

Microglia are the main APC of the CNS parenchyma. In previous study, we have demonstrated that microglia are able to cross-present *in vitro* soluble exogenous antigens leading to the cross-priming of naive CD8$^+$ T cells (Beauvillain *et al.*, 2008). Moreover, using TAP$^{-/-}$ mice and lactacystine we have demonstrated that this property is TAP and proteasome dependent, excluding unspecific extracellular binding. However, CNS is characterized by a particular immune status where immune responses are tightly controlled. Then, the capacities of microglia to cross-present exogenous antigen and to cross-prime CD8$^+$ T cells *in vivo* had to be determined.

Following any perturbation in the brain, peripheral mononuclear CD11b$^+$ cells and CNS-associated Mφ and DCs infiltrate the CNS parenchyma and are phenotypically indistinguishable from activated microglia. Then, to study microglia *in vivo*, we have to use animal model allowing to ovoid peripheral APC implication. To discriminate microglia from others CNS infiltrating APCs, a panel of bone marrow chimeric mice could be used (Priller *et al.*, 2006; Davoust *et al.*, 2008b; Wirenfeldt *et al.*, 2011). However, chimeric mice based on body irradiation excepted head, in order to preserved microglia, exhibit at least 15 % of bone marrow cells from original mice due to the skull marrow (Furuya *et al.*, 2003). Cranial irradiation reduced this rate to approximately 5%, but caused gliosis (Mildenberger *et al.*, 1990b), neural dysfunctions (Monje *et al.*, 2002a), and was associated to peripheral cell recruitment into brain parenchyma (Furuya *et al.*, 2003; Simard & Rivest, 2004a).

In order to overcome these limitations, we have set up an experimental procedure based on excluding-head mice body irradiation without bone marrow reconstitution. This protocol induces the elimination of all CD45$^+$ cells in bone marrow and more than 80% of CD45$^+$ cells in spleen and cervical lymph nodes. Importantly, this protocol impairs the cross-presentation activity of peripheral immune cells still detectable after irradiation. Then, neither bone marrow progenitors nor peripheral APC could contribute to the antigen cross-presentation activity observed within the CNS. Moreover, the irradiation procedure induced the elimination of the CNS-associated CD11b$^+$/CD45^{high} APC, allowing to exclude their implication in the antigen cross-presentation activity observed within the CNS. Finally, although it was described that total body irradiation activates microglia (Montero-Menei *et al.*, 1996; Dong *et al.*, 2010), this irradiation protocol do not significantly affected the number of resting microglia nor modulate the expression of CD11b, H2-K^b, I-A^b, CD80, and CD86 markers. Taken together, these data show that excluding-head mice body irradiation protocol allows mice where microglia, which resting state is preserved, are the only completely functional APC.

Ex vivo antigen cross-presentation assay showed that IFNγ and IL-2 productions were higher when using CD11b$^+$ cells isolated from non-irradiated mice than from irradiated mice. Moreover, *in vivo* antigen cross-presentation assays showed that specific CD8$^+$ T cell proliferation was more potent within non-irradiated than irradiated mice brain. This result suggested that, in non-irradiated mice, peripheral APCs had infiltrated the CNS and had participated in the cross-presentation activity. However, the lower but significant CD8[+] T cell activation observed in the group of irradiated mice could be only associated to microglia cross-presentation activity. Collectively, these data demonstrate that microglia could cross-present exogenous antigen *in vivo*.

Although intracranial injection could caused little traumatic injury and slightly activate microglial cells (Lee *et al.*, 2006), several studies have reported that full activation of microglia is necessary to carry out all their potential to induce immune responses (Kettenmann *et al.*, 2011). More than one stimulus is required to achieve full microglial activation, notably their antigen presenting functions (Townsend *et al.*, 2005; Ponomarev *et al.*, 2006b). CpG-ODN and GM-CSF, which favor microglia activation and antigen presentation activity (Aloisi, 2001; Re *et al.*, 2002b), weakly increased the *ex vivo* and *in vitro* cross-presentation activity of microglia (Beauvillain *et al.*, 2008). However, these molecules were not efficient enough to increase CD8[+] T lymphocyte proliferation *in vivo* (data not shown). Soluble CD40L (sCD40L), by the engagement of CD40, is required to complete microglia multistep activation process and to carry out all their abilities to induce immune responses (Ponomarev *et al.*, 2006b). Results demonstrated that sCD40L, GM-CSF and CpG-ODN injection in brain parenchyma induced microglia cell activation, characterized by the up-regulation of CD11b, H2-K[b] and, in a lower extent, of CD80. Moreover, these pro-inflammatory factors significantly increased the cross-presentation and cross-priming activities of microglia as assessed by the proliferation and the activation (IFNγ production) of antigen-specific CD8[+] T cells in the CNS. Interestingly, the frequency of INFγ expressing CD8[+] T cells was higher in irradiated than in non-irradiated mice. The excepted-head body irradiation may induce danger signal liberation which reinforced microglia activation by CpG-ODN, GM-CSF and sCD40L.

In conclusion, our study demonstrated that resident adult microglia cross-present exogenous antigens and cross-prime CD8[+] T cells *in vivo* and that this capacity is potentiated by appropriate stimulatory signals. Microglia are implicated in brain immunes response (e.g. multiple sclerosis, brain tumors). Then, the possibility of modulating their Ag cross-presentation activity *in situ* by appropriate signals should be take into consideration when setting up new strategies based on modulating locally specific immune responses in the treatment of CNS pathologies.

ACKNOWLEDGEMENTS

This work was supported by institutional grants from Inserm and the University of Angers and by grants from the Ligue contre le Cancer (équipe labellisée 2008–2010 and Comités départementaux du Maine et Loire, de Loire Atlantique, de Sarthe et de Vendée), Cancéropole Grand-Ouest and Région Pays de la Loire (project CIMATH). U. Jarry received a grant from the Association pour la

Recherche contre le Cancer, and L. Pineau was supported by a fellowship from the Ministère de l'Enseignement Supérieur et de la Recherche. We thank Pr Asfar, Mr Roux and Mr Legras of the animal facility of the University Hospital of Angers, for animal breeding assistance.

CONFLICT OF INTEREST

The authors who have taken part in this study declared that they do not have anything to declare regarding funding from industry or conflict of interest with respect to this manuscript.

REFERENCE

1. Bailey, S. L., P. A. Carpentier, E. J. McMahon, W. S. Begolka, and S. D. Miller. 2006. Innate and adaptive immune responses of the central nervous system. *Critical reviews in immunology* 26:149-188.

2. Madsen, S. J., and H. Hirschberg. 2010. Site-specific opening of the blood-brain barrier. *J Biophotonics* 3:356-367.

3. Wilson, E. H., W. Weninger, and C. A. Hunter. 2010. Trafficking of immune cells in the central nervous system. *J Clin Invest* 120:1368-1379.

4. Kaur, G., S. J. Han, I. Yang, and C. Crane. 2010. Microglia and central nervous system immunity. *Neurosurg Clin N Am* 21:43-51.

5. Kennedy, D. W., and J. L. Abkowitz. 1997. Kinetics of central nervous system microglial and macrophage engraftment: analysis using a transgenic bone marrow transplantation model. *Blood* 90:986-993.

6. Kaur, C., A. J. Hao, C. H. Wu, and E. A. Ling. 2001. Origin of microglia. *Microscopy research and technique* 54:2-9.

7. Hess, D. C., T. Abe, W. D. Hill, A. M. Studdard, J. Carothers, M. Masuya, P. A. Fleming, C. J. Drake, and M. Ogawa. 2004. Hematopoietic origin of microglial and perivascular cells in brain. *Experimental neurology* 186:134-144.

8. Streit, W. J. 2001. Microglia and macrophages in the developing CNS. *Neurotoxicology* 22:619-624.

9. Chan, W. Y., S. Kohsaka, and P. Rezaie. 2007. The origin and cell lineage of microglia: new concepts. *Brain research reviews* 53:344-354.

10. Schmitz, G., K. Leuthauser-Jaschinski, and E. Orso. 2009. Are circulating monocytes as microglia orthologues appropriate biomarker targets for neuronal diseases? *Central nervous system agents in medicinal chemistry* 9:307-330.

11. Kettenmann, H., U. K. Hanisch, M. Noda, and A. Verkhratsky. 2011. Physiology of microglia. *Physiol Rev* 91:461-553.

12. Prinz, M., and A. Mildner. 2011. Microglia in the CNS: immigrants from another world. *Glia* 59:177-187.

13. Havenith, C. E., D. Askew, and W. S. Walker. 1998. Mouse resident microglia: isolation and characterization of immunoregulatory properties with naive CD4+ and CD8+ T-cells. *Glia* 22:348-359.

14. Donnou, S., S. Fisson, D. Mahe, A. Montoni, and D. Couez. 2005. Identification of new CNS-resident macrophage subpopulation molecular markers for the discrimination with murine systemic macrophages. *Journal of neuroimmunology* 169:39-49.

15. Beauvillain, C., S. Donnou, U. Jarry, M. Scotet, H. Gascan, Y. Delneste, P. Guermonprez, P. Jeannin, and D. Couez. 2008. Neonatal and adult microglia cross-present exogenous antigens. *Glia* 56:69-77.

16. Kreutzberg, G. W. 1996. Microglia: a sensor for pathological events in the CNS. *Trends in neurosciences* 19:312-318.

17. Nimmerjahn, A., F. Kirchhoff, and F. Helmchen. 2005. Resting microglial cells are highly dynamic surveillants of brain parenchyma in vivo. *Science (New York, N.Y* 308:1314-1318.

18. Davalos, D., J. Grutzendler, G. Yang, J. V. Kim, Y. Zuo, S. Jung, D. R. Littman, M. L. Dustin, and W. B. Gan. 2005. ATP mediates rapid microglial response to local brain injury in vivo. *Nature neuroscience* 8:752-758.

19. Wake, H., A. J. Moorhouse, S. Jinno, S. Kohsaka, and J. Nabekura. 2009. Resting microglia directly monitor the functional state of synapses in vivo and determine the fate of ischemic terminals. *J Neurosci* 29:3974-3980.

20. Lehnardt, S. 2010. Innate immunity and neuroinflammation in the CNS: the role of

microglia in Toll-like receptor-mediated neuronal injury. *Glia* 58:253-263.

21. Janeway, C. A., Jr., and R. Medzhitov. 2002. Innate immune recognition. *Annual review of immunology* 20:197-216.

22. Olson, J. K., J. Ludovic Croxford, and S. D. Miller. 2004. Innate and adaptive immune requirements for induction of autoimmune demyelinating disease by molecular mimicry. *Molecular immunology* 40:1103-1108.

23. Akira, S. 2003. Mammalian Toll-like receptors. *Current opinion in immunology* 15:5-11.

24. Ghosh, A., and S. Chaudhuri. 2010. Microglial action in glioma: a boon turns bane. *Immunology letters* 131:3-9.

25. Graeber, M. B. 2010. Changing face of microglia. *Science (New York, N.Y* 330:783-788.

26. Ponomarev, E. D., L. P. Shriver, K. Maresz, and B. N. Dittel. 2005. Microglial cell activation and proliferation precedes the onset of CNS autoimmunity. *Journal of neuroscience research* 81:374-389.

27. Aloisi, F., F. Ria, G. Penna, and L. Adorini. 1998. Microglia are more efficient than astrocytes in antigen processing and in Th1 but not Th2 cell activation. *J Immunol* 160:4671-4680.

28. Ford, A. L., A. L. Goodsall, W. F. Hickey, and J. D. Sedgwick. 1995. Normal adult ramified microglia separated from other central nervous system macrophages by flow cytometric sorting. Phenotypic differences defined and direct ex vivo antigen presentation to myelin basic protein-reactive CD4+ T cells compared. *J Immunol* 154:4309-4321.

29. Badie, B., and J. Schartner. 2001. Role of microglia in glioma biology. *Microscopy research and technique* 54:106-113.

30. Jack, C. S., N. Arbour, M. Blain, U. C. Meier, A. Prat, and J. P. Antel. 2007. Th1 polarization of CD4+ T cells by Toll-like receptor 3-activated human microglia. *Journal of neuropathology and experimental neurology* 66:848-859.

31. Harding, C. V., R. Song, J. Griffin, J. France, M. J. Wick, J. D. Pfeifer, and H. J. Geuze. 1995. Processing of bacterial antigens for presentation to class I and II MHC-restricted T lymphocytes. *Infectious agents and disease* 4:1-12.

32. Watts, C. 1997. Capture and processing of exogenous antigens for presentation on MHC molecules. *Annual review of immunology* 15:821-850.

33. Yewdell, J. W., and J. R. Bennink. 1999. Mechanisms of viral interference with MHC class I antigen processing and presentation. *Annual review of cell and developmental biology* 15:579-606.

34. Guermonprez, P., and S. Amigorena. 2005. Pathways for antigen cross presentation. *Springer seminars in immunopathology* 26:257-271.

35. Shen, L., and K. L. Rock. 2006. Priming of T cells by exogenous antigen cross-presented on MHC class I molecules. *Current opinion in immunology* 18:85-91.

36. Kurts, C., H. Kosaka, F. R. Carbone, J. F. Miller, and W. R. Heath. 1997. Class I-restricted cross-presentation of exogenous self-antigens leads to deletion of autoreactive CD8(+) T cells. *The Journal of experimental medicine* 186:239-245.

37. Kurts, C., B. W. Robinson, and P. A. Knolle. 2010. Cross-priming in health and disease. *Nature reviews. Immunology* 10:403-414.

38. Banchereau, J., and R. M. Steinman. 1998. Dendritic cells and the control of immunity. *Nature* 392:245-252.

39. Debrick, J. E., P. A. Campbell, and U. D. Staerz. 1991. Macrophages as accessory cells for class I MHC-restricted immune responses. *J Immunol* 147:2846-2851.

40. Randolph, G. J., C. Jakubzick, and C. Qu. 2008. Antigen presentation by monocytes and monocyte-derived cells. *Current opinion in immunology* 20:52-60.

41. Hon, H., A. Oran, T. Brocker, and J. Jacob. 2005. B lymphocytes participate in cross-presentation of antigen following gene gun vaccination. *J Immunol* 174:5233-5242.

42. Beauvillain, C., Y. Delneste, M. Scotet, A. Peres, H. Gascan, P. Guermonprez, V. Barnaba, and P. Jeannin. 2007. Neutrophils efficiently cross-prime naive T cells in vivo. *Blood* 110:2965-2973.

43. Calzascia, T., W. Di Berardino-Besson, R. Wilmotte, F. Masson, N. de Tribolet, P. Y. Dietrich, and P. R. Walker. 2003. Cutting edge: cross-presentation as a mechanism for efficient recruitment of tumor-specific CTL to the brain. *J Immunol* 171:2187-2191.

44. Walker, P. R., T. Calzascia, V. Schnuriger, N. Scamuffa, P. Saas, N. de Tribolet, and P. Y. Dietrich. 2000. The brain parenchyma is permissive for full antitumor CTL effector function, even in the absence of CD4 T cells. *J Immunol* 165:3128-3135.

45. Fischer, H. G., and G. Reichmann. 2001. Brain dendritic cells and macrophages/microglia in central nervous system inflammation. *J Immunol* 166:2717-2726.

46. Reichmann, G., M. Schroeter, S. Jander, and H. G. Fischer. 2002. Dendritic cells and dendritic-like microglia in focal cortical ischemia of the mouse brain. *Journal of neuroimmunology* 129:125-132.

47. Platten, M., and L. Steinman. 2005. Multiple sclerosis: trapped in deadly glue. *Nature medicine* 11:252-253.

48. Almolda, B., B. Gonzalez, and B. Castellano. 2010. Activated microglial cells acquire an immature dendritic cell phenotype and may terminate the immune response in an acute model of EAE. *Journal of neuroimmunology* 223:39-54.

49. Yi, A. K., R. Tuetken, T. Redford, M. Waldschmidt, J. Kirsch, and A. M. Krieg. 1998. CpG motifs in bacterial DNA activate leukocytes through the pH-dependent generation of reactive oxygen species. *J Immunol* 160:4755-4761.

50. Davoust, N., C. Vuaillat, G. Androdias, and S. Nataf. 2008. From bone marrow to microglia: barriers and avenues. *Trends in immunology* 29:227-234.

51. Priller, J., M. Prinz, M. Heikenwalder, N. Zeller, P. Schwarz, F. L. Heppner, and A. Aguzzi. 2006. Early and rapid engraftment of bone marrow-derived microglia in scrapie. *J Neurosci* 26:11753-11762.

52. Wirenfeldt, M., A. A. Babcock, and H. V. Vinters. 2011. Microglia - insights into immune system structure, function, and reactivity in the central nervous system. *Histol Histopathol* 26:519-530.

53. Furuya, T., R. Tanaka, T. Urabe, J. Hayakawa, M. Migita, T. Shimada, Y. Mizuno, and H. Mochizuki. 2003. Establishment of modified chimeric mice using GFP bone marrow as a model for neurological disorders. *Neuroreport* 14:629-631.

54. Mildenberger, M., T. G. Beach, E. G. McGeer, and C. M. Ludgate. 1990. An animal model of prophylactic cranial irradiation: histologic effects at acute, early and delayed stages. *International journal of radiation oncology, biology, physics* 18:1051-1060.

55. Monje, M. L., S. Mizumatsu, J. R. Fike, and T. D. Palmer. 2002. Irradiation induces neural precursor-cell dysfunction. *Nature medicine* 8:955-962.

56. Simard, A. R., and S. Rivest. 2004. Bone marrow stem cells have the ability to populate the entire central nervous system into fully differentiated parenchymal microglia. *Faseb J* 18:998-1000.

57. Dong, X. R., M. Luo, L. Fan, T. Zhang, L. Liu, J. H. Dong, and G. Wu. 2010. Corilagin inhibits the double strand break-triggered NF-kappaB pathway in irradiated microglial cells. *International journal of molecular medicine* 25:531-536.

58. Montero-Menei, C. N., L. Sindji, E. Garcion, M. Mege, D. Couez, E. Gamelin, and F. Darcy. 1996. Early events of the inflammatory reaction induced in rat brain by lipopolysaccharide intracerebral injection: relative contribution of peripheral monocytes and activated microglia. *Brain research* 724:55-66.

59. Lee, J. C., G. S. Cho, J. H. Kwon, M. H. Shin, J. H. Lim, and W. K. Kim. 2006. Macrophageal/microglial cell activation and cerebral injury induced by excretory-secretory products secreted by Paragonimus westermani. *Neuroscience research* 54:133-139.

60. Townsend, K. P., T. Town, T. Mori, L. F. Lue, D. Shytle, P. R. Sanberg, D. Morgan, F. Fernandez, R. A. Flavell, and J. Tan. 2005. CD40 signaling regulates innate and adaptive activation of microglia in response to amyloid beta-peptide. *European journal of immunology* 35:901-910.

61. Ponomarev, E. D., L. P. Shriver, and B. N. Dittel. 2006. CD40 expression by microglial cells is required for their completion of a two-step activation process during central nervous system autoimmune inflammation. *J Immunol* 176:1402-1410.

62. Aloisi, F. 2001. Immune function of microglia. *Glia* 36:165-179.

63. Re, F., S. L. Belyanskaya, R. J. Riese, B. Cipriani, F. R. Fischer, F. Granucci, P. Ricciardi-Castagnoli, C. Brosnan, L. J. Stern, J. L. Strominger, and L. Santambrogio. 2002. Granulocyte-macrophage colony-stimulating factor induces an expression program in neonatal microglia that primes them for antigen presentation. *J Immunol* 169:2264-2273.

Figure 1: Body irradiation eliminates most of peripheral immune cells without affecting microglia. (**A**) Mice were exposed to a body irradiation, excluding head, of 0, 4, 6, 8, 12 or 16 Gy. The frequency of $CD45^+$ cells was evaluated, five days later, in the central nervous system (CNS), bone marrow (BM), spleen and cervical lymph node (cLN). Results are expressed as the percentage of $CD45^+$ cells among all isolated cells (mean ± SD, n=3); *p<0.05, **p<0,005, ***p<0.005. (**B**) Mice were exposed (·····) or not (——) to a 16 Gy body irradiation excluding head. Five days after irradiation, CNS cells were isolated and analyzed by flow cytometry for CD45, $H2-K^b$, $I-A^b$, CD80 and CD86 expression among $CD11b^+$ cells. Grey histograms correspond to isotype control mAbs. Results are representative of one of 5 experiments.

Figure 2 : Irradiation impairs cross-presentation by peripheral APC. (**A**) 3 days after a 16 Gy irradiation, spleen cells were isolated, pulsed for 8 h with OVA or BSA and then cultured for 24 h with OT-1 $CD8^+$ T cells. Supernatants were then collected and IL-2 and IFN☐☐were quantified by ELISA. Results are expressed in pg/mL (mean ± SD, n=3); *p<0.05, **p<0,005, ***p<0.005. (**B**) 3 days after irradiation, control or irradiated CD45.1 mice were i.v. injected with CFDA-SE labeled CD45.2 OT-1 $CD8^+$ T cells. OVA or BSA in CFA were s.c. injected 24 h later. Lymph node and spleen cells were collected and analyzed by FACS for CD8 and CD45.2 expression two days later. $CD8^+/CD45.2^+$ cells were then analyzed for CFDA-SE staining and the number of cell divisions was determined. Results are expressed as the percentage of OT-1 $CD8^+$ T cells (mean ± SD, n=3). Insert show a representative dot plot of one of three experiments.

Figure 3: *Ex vivo* **microglia cross-prime soluble antigen to naive $CD8^+$ T cells.** Non irradiated or irradiated mice were injected intracerebrally with BSA or OVA. One group of irradiated mice received an injection of CpG-ODN, GM-CSF and sCD40L, in addition to OVA. The day after, brain $CD11b^+$ cells were isolated and incubated with OT-1 $CD8^+$ T cells for 24 h. OT-1 $CD8^+$ T cells activation was determined by quantifying IL-2 (**A**) and IFNγ (**B**) in 24 h supernatants by ELISA. Results are expressed in pg/mL (mean ± SD, n=3); *p<0.05, **p<0,005, ***p<0.005. (**C**) Irradiated mice were intracerebrally injected with OVA (——) or OVA with CpG-ODN + GM-CSF + sCD40L (---). Brain cells were harvested one day later for FACS analysis of $H2-K^b$, $I-A^b$, CD80 or CD86 expression among $CD11b^+$ cells. Grey histograms represent isotype control staining. Results are representative of one of 3 experiments.

Figure 4: Microglia cross-present soluble antigen to promote naive CD8 T lymphocytes _in vivo_. (**A**) BSA or OVA +/- CpG-ODN, GM-CSF and sCD40L were injected intracerebrally in mice one day before CFDA-SE-labeled CD45.2$^+$ OT-1 CD8$^+$ T cells. CNS cells were collected and analyzed 2 days later. CD8$^+$ T cell proliferation was assessed by FACS analysis for CD8, CD45.2 and CFDA-SE expression for BSA or OVA injected non-irradiated (**A, upper panel**) or irradiated mice (**A, lower panel**) and for OVA + CpG-OND, GM-CSF and sCD40L injected irradiated mice (**B**). CD8$^+$ T cell activation was assessed by FACS analysis for CD8, CD45.2 and IFNγ□expression (**D**). Results are expressed as the percentage of OT-1 CD8$^+$ T cells (mean ± SD, n=3). Insert show a representative dot plot of one of three experiments.

Figure 1
Jarry *et al*

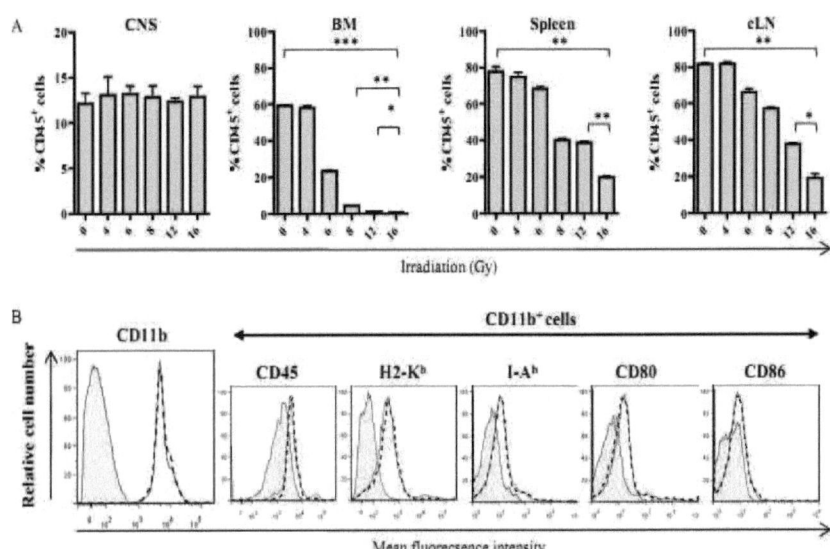

Figure 2
Jarry *et al*

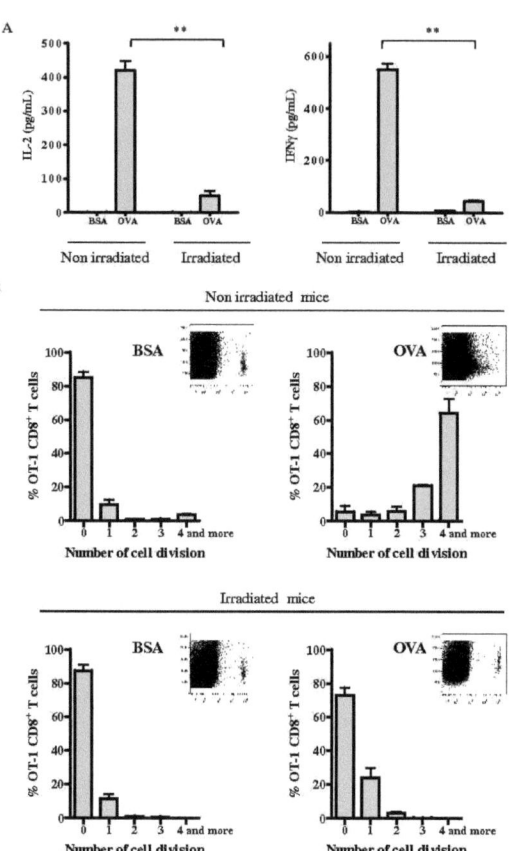

A

IL-2 (pg/mL)

IFNγ (pg/mL)

**   Non irradiated   Irradiated   Non irradiated   Irradiated**

B

Non irradiated mice

BSA   OVA

% OT-1 CD8⁺ T cells

Number of cell division   Number of cell division

Irradiated mice

BSA   OVA

% OT-1 CD8⁺ T cells

Number of cell division   Number of cell division

Figure 3
Jarry *et al*

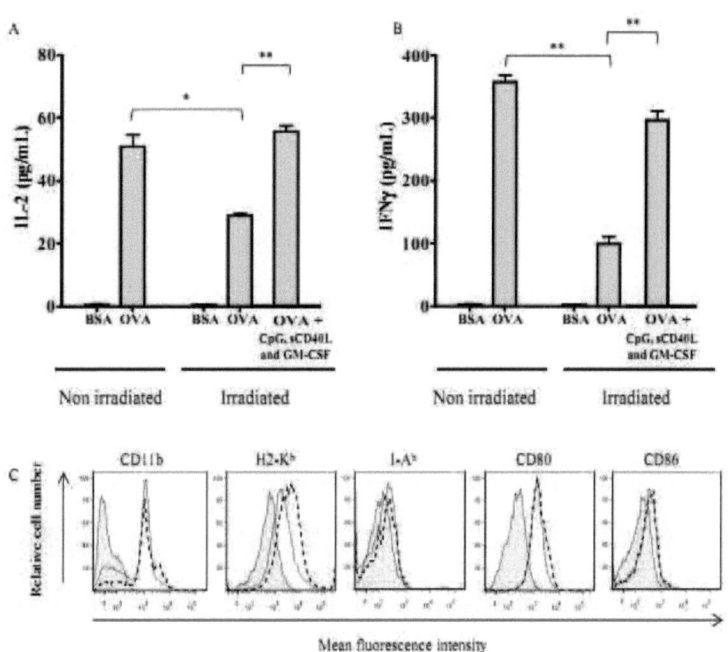

Figure 4
Jarry *et al*

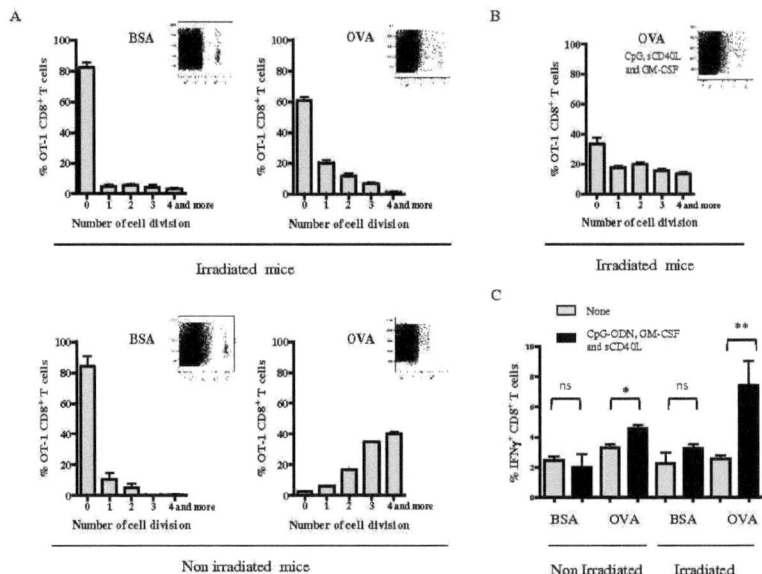

Afin de déterminer si les cellules microgliales étaient douées *in vivo* de la capacité de présentation antigénique croisée nous avons dû nous affranchir de la présence des autres CPA de l'organisme. Nous avons donc développé un modèle de souris rendu aplasique suite à une forte irradiation du corps, en excluant la tête de l'animal, mais sans reconstitution de la moelle osseuse.

L'irradiation de 16 Gy du corps des souris (sauf la tête) permet d'éliminer l'ensemble des cellules immunitaires (CD45$^+$) au niveau de la moelle osseuse et plus de 80 % au niveau de la rate et des ganglions lymphatiques cervicaux. Nous avons, de plus, démontré que ces quelques cellules périphériques restantes étaient affectées par l'irradiation et étaient incapable de présentation antigénique croisée de l'ovalbumine injecté en périphérie. Afin d'éliminer les CPA associées au SNC, Van Rooijen et ses collègues ont développé une technique de « suicide de macrophages médié par des liposomes » (Van Rooijen & Hendrikx, 2010). Cette approche se base sur l'injection intra-ventriculaire de liposomes de clodronate, qui vont être internalisés par les cellules phagocytaires. Ne diffusant par dans le parenchyme cérébral, seules les Mφ et CD associés au SNC vont être en mesure de capturer ces liposomes. Dès lors, le clodronate va induire la mort par appoptose de la cellule qui l'a internalisé. Cette approche permet ainsi d'éliminer les CPA associées au SNC. Néanmoins, nos résultats montrent également que la population CD45^{fort} détectée dans un cerveau de souris non-irradiées, correspondant au CPA associées au SNC, n'est plus détectable après notre protocole d'irradiation. Ainsi, cette procédure d'irradiation permet, sans utiliser l'approche de Van Rooijen, d'exclure l'intervention de ces cellules dans l'activité de présentation antigénique croisée qui pourra être observé par la suite.

Les procédures d'irradiation pouvant induire l'activation des cellules microgliales, (Montero-Menei *et al.*, 1996; Dong *et al.*, 2010), il a été nécessaire de vérifier le phénotype des cellules microgliales. Nos résultats démontrent clairement que la procédure d'irradiation utilisée n'affecte ni le nombre, ni l'état d'activation des cellules microgliales, caractérisées par la faible expression du CMH cl II, du CD80 et du CD86.

La capacité de présentation antigénique croisée des cellules microgliales a alors pu être évaluée *in vivo*. Comme attendu, la seule injection intracrânienne d'ovalbumine dans nos souris irradiées n'a pas permis la prolifération LT CD8$^+$ naïfs marqués au CFDA-SE, par les cellules microgliales. Celles-ci nécessitent plusieurs stimuli afin d'être pleinement activées et de pouvoir assumer au mieux leur fonction de CPA (Townsend *et al.*, 2005; Ponomarev *et al.*, 2006b; Kettenmann *et al.*, 2011). Dans ce sens, le CpG-ODN et le GM-CSF ont été décrits comme favorisant l'activation des cellules microgliales (Aloisi, 2001; Re *et al.*, 2002b) et comme pouvant augmenter l'activité de présentation antigénique croisée de la microglie *in vitro* (Beauvillain *et al.*, 2008). Si l'activité de présentation antigénique croisée des cellules microgliales n'a pas pu être détecté *in vivo* après stimulation par du CpG-ODN et du GM-CSF, l'ajout en plus du CD40L soluble (sCD40L) a permis une augmentation significative de la prolifération des LT CD8$^+$ et de leur sécrétion en IFNγ. Le sCD40L est un facteur décrit comme étant nécessaire à l'activation complète de la microglie et comme permettant à cette cellule d'acquérir des fonctions de présentation antigénique optimales (Ponomarev *et al.*, 2006b). Nos résultats montrent, en effet, que l'injection contigu de CpG-ODN, de GM-CSF et de sCD40L induit l'augmentation de l'expression du CD11b, du CMH cl I, et dans une plus faible mesure, du CD80.

L'ensemble des ces résultats démontrent ainsi que, en conditions adéquates, les cellules microgliales sont douées de la capacité de présentation antigénique croisée *in vivo* et que celle-ci conduit à l'activation des LT CD8$^+$ spécifiques. Les cellules microgliales ayant une grande capacité à infiltrer les tumeurs, cette étude originale ouvre ainsi de nouvelles perspectives dans leur traitement par immunothérapie. L'utilisation de stimuli adéquats pour favoriser cette activité de présentation antigénique croisée, pourrait ainsi permettre d'initier rapidement une réponse immunitaire anti-tumorale efficace.

DEUXIEME PUBLICATION

Involvement of NK cells in brain tumor rejection induced by Treg cells depletion and CpG-ODN injection

Ulrich Jarry[1,2], Sabrina Donnou[1,2], Laurent Pineau[1,2], Isabelle Fremaux[1,2], Yves Delneste[1,2,3] and Dominique Couez[1,2]

[1] Institut National de la Santé et de la Recherche Médicale, Unité 892, Centre de Recherche en Cancérologie Nantes-Angers, Angers, France
[2] Université d'Angers, UMR_S 892, Angers, France
[3] CHU Angers, Laboratoire d'Immunologie et Allergologie, Angers, France

L'immunothérapie est une approche visant au renforcement du système immunitaire de l'organisme afin d'obtenir un rejet naturel de la tumeur (Dietrich *et al.*, 1997). L'intérêt majeur de cette approche est de cibler uniquement les cellules tumorales sans affecter le tissu sain. Actuellement, les stratégies les plus utilisées en recherches pré-cliniques et cliniques se base sur la manipulation *ex vivo* de cellules dendritiques (CD) (Banchereau & Steinman, 1998). Si ces approches induisent une forte expansion et activation des LT CD8$^+$ en périphérie, la réponse anti-tumorale au sein de la tumeur n'est pas satisfaisante (Van Gool *et al.*, 2009) et le taux global de réponse clinique reste décevant (Vauleon *et al.*, 2010). Néanmoins, de très beaux travaux du groupe du Dr P Walker ont montré que le recrutement de LT CD8$^+$ et le maintien de leur fonctions anti-tumorales étaient dépendant d'une activité de présentation antigénique croisée par les cellules présentatrices d'antigènes (CPA) locales (Calzascia *et al.* 2003). De ce fait, nous avons opté au laboratoire pour une immunothérapie active visant à restimuler l'ensemble des CPA présentes *in situ*, notamment pour pouvoir exploiter le potentiel de présentation antigénique croisée des cellules microgliales démontré précédemment. Cette stratégie devrait permettre au CPA de se charger de façon physiologique avec l'ensemble des antigènes tumoraux, sans que le choix ne soit imposé par l'expérimentateur, et ainsi d'induire une réponse anti-tumorale multi-épitopique.

Dans ce contexte, le CpG-ODN, agoniste du TLR9, est particulièrement attractif car il permet l'activation des CPA et notamment des cellules microgliales (Visintin *et al.*, 2001; Dalpke *et al.*, 2002b; Hoshino *et al.*, 2002; Beauvillain *et al.*, 2008). L'efficacité du CpG-ODN, dans le traitement de tumeurs cérébrales, a été évalué au cours de ces dernières années par des études cliniques de phase I et II (Carpentier *et al.*, 2006a; Carpentier *et al.*, 2010). Si les résultats obtenus sont encourageant, ils démontrent néanmoins que l'utilisation seul du CpG-ODN ne permet pas le rejet systématique de la tumeur, surtout dans le contexte tumoral immunosuppresseur.

Au même titre que les autres cancers, les tumeurs cérébrales se caractérisent aussi par la présence de cellules immunosuppressives telles que les lymphocytes T régulateurs (Treg) (Jacobs *et al.*, 2010). Les Treg, CD4$^+$, CD25$^+$ et Foxp3$^+$, représentent un frein naturel à l'induction d'une réponse immunitaire (Fecci *et al.*, 2006). De précédents travaux ont montré que leur élimination peut constituer un pré-requis nécessaire à l'induction d'une réponse antitumorale efficace, notamment face à une tumeur cérébrale (El Andaloussi *et al.*, 2006a; Fecci *et al.*, 2006; Grauer *et al.*, 2007c; Grauer *et al.*, 2008c). L'élimination temporaire de ces cellules, via l'utilisation d'un anticorps anti-CD25, a été évalué dans des modèles précliniques de tumeurs périphériques et cérébrales et a permis d'améliorer la survie des animaux traités

(El Andaloussi *et al.*, 2006a; Grauer *et al.*, 2007b; Curtin *et al.*, 2008). De plus, son équivalent humain, le daclizumab, est aussi utilisé pour lutter contre des tumeurs périphériques et présente des résultats intéressant (Rech & Vonderheide, 2009b; Dietrich *et al.*, 2010).

Dans ce contexte, nous avons souhaité évaluer, grâce à un modèle murin de tumeur cérébrale par implantation stéréotaxique intracrânienne du lymphome T E.G7, un protocole d'immunothérapie combiné, basé à la fois sur la déplétion des Treg, via l'injection intra-péritonéale d'un anticorps anti-CD25 (clone PC61) afin de lever une voie d'inhibition, mais aussi sur l'injection intracérébrale de CpG-ODN, pour permettre de restimuler *in situ* le système immunitaire et notamment les CPA.

Involvement of NK cells in brain tumor rejection induced by regulatory T cell depletion and CpG-ODN injection

Ulrich JARRY[1,2], Sabrina DONNOU[1,2], Laurent PINEAU[1,2], Isabelle FREMAUX[1,2], Yves DELNESTE[1,2,3] and Dominique COUEZ[1,2]

[1] Institut National de la Santé et de la Recherche Médicale, Unité 892, Centre de Recherche en Cancérologie Nantes-Angers, Angers, France
[2] Université d'Angers, UMR_S 892, Angers, France
[3] CHU d'Angers, Laboratoire d'Immunologie et Allergologie, Angers, France

Running title: NK implication in cerebral tumor rejection

Key words: CNS tumours, CpG-ODN, Treg cells, NK cells

Financial support: This work was supported by institutional grants from Inserm and the University of Angers and by grants from the Ligue contre le Cancer (Comité départemental du Maine et Loire,), Cancéropole Grand-Ouest and Région Pays de la Loire (project CIMATH). U. Jarry received a grant from the Association pour la Recherche contre le Cancer.

Corresponding author: Pr Dominique COUEZ ; CRCNA, INSERM Unité 892, Institut de Biologie en Santé, 4 rue Larrey, CHU Angers, 49933 Angers, France. Tel: +33 (0) 244 688 311; Fax: +33 (0) 244 688 302 ; e-mail : dominique.couez@univ-angers.fr

Conflict of interest: The authors who have taken part in this study declared that they do not have anything to declare regarding funding from industry or conflict of interest with respect to this manuscript.
Word Count: Abstract 246; Introduction 424; Materials & methods 976; Results 1064; Discussion 886; Figures legends 419
Total number **of figures and tables:** 4

Abbreviations: APC, antigen presenting cells; CNS, central nervous system; PAMP, pathogen-associated molecular patterns; PRR, pathogen recognition receptor; Treg, regulatory T lymphocytes

ABSTRACT

Purpose: The promising potential of intratumoral administration of CpG-ODN, ligand of TLR9, to eradicate brain tumors was reported in some animal models but gave only some antitumoral response in few patients. Regulatory T cells (Treg) that accumulate in brain tumors are potent suppressor of immune responses. Treg depletion breaks immune tolerance but does not allow tumor rejection. In this study, we evaluated the benefit of a combined immunotherapy strategy based on Treg depletion and intratumoral CpG-ODN injection in a preclinical model of brain tumor.

Experimental Design: Treg depletion by anti-CD25 mAb i.p. injection before intracerebral injection of CpG-ODN 1826 were evaluated in the E.G7 intracranial tumor model. Animal survival, tumor viability and antitumoral immune response were monitored.

Results: Treg depletion and CpG-ODN injection induced tumor rejection in all mice and induced a protective and memory antitumor immune response in 60% of mice. The protective effect was not associated to a direct toxicity of PC61 and CpG-ODN on EG7 cells. Although the frequency of most immune cells ($CD11b^+$/$CD11c^+$ dendritic cells, $CD4^+$ and $CD8^+$ T lymphocytes, $CD19^+$ B cells) increased locally, the protective effect was dependent on NK cells and their elimination abrogated the beneficial effect.

Conclusions: Our results demonstrate that Treg depletion is efficient to counteract the immunosuppressive environment in brain tumors and that intracranial CpG-ODN injection promote, through NK cell recruitment and probably APC activation, an effector T cell response leading to tumor eradication and initiation of a memory antitumoral immune response.

INTRODUCTION

Despite therapeutic advances in surgery, radiotherapy and chemotherapy, malignant brain tumors remain of poor prognosis (Johnson & Sampson, 2010). This limited efficacy, related to the tumor localization and to a highly proliferative and infiltrative status (Buckner *et al.*, 2007), justifies intense research for new therapeutic strategies targeting neoplastic cells dispersed in the brain while preserving normal cells.

Although the brain parenchyma is an immunologically controlled site due to the blood-brain barrier (BBB), lack of conventional lymphatics, low MHC expression, and constitutive production of immunomodulatory cytokines (Bailey *et al.*, 2006a), cerebral tumor immunotherapy are now considered as promising approaches (Vauleon *et al.*, 2010). However, even though this strategy efficiently cross-primed effectors T cells in periphery, only modest clinical efficacy was obtained (Van Gool *et al.*, 2009; Vauleon *et al.*, 2010).

During the tumor development, the brain immunosuppressive environment is reinforced by the recruitment and the activation of immunosuppressive cells, especially regulatory T cells (Treg), which are associated with bad prognostic for patients (Jacobs *et al.*, 2010). Natural Treg, characterized by CD4, CD25 and Foxp3 expression (Sakaguchi, 2011) and inducible Treg (Tr1 and Th3) characterized by IL-10 or TGFβ production (Zhou *et al.*, 2009), inhibit effector cells by multiple mechanisms such as cell-cell contact, cytokine secretion (e.g. IL-10, TGFβ) and IL-2 consumption (Shalev *et al.*, 2011). These data suggest that immunotherapy strategies of CNS tumors have to target local immunosuppression to be efficient. Accordingly, recent studies, performed in mice models of CNS tumors, have reported that Treg depletion by mAb injection increases the survival of mice (El Andaloussi *et al.*, 2006b; Grauer *et al.*, 2007b; Grauer *et al.*, 2008c). Nevertheless, this strategy did not allow systematic rejection of tumor.

An alternative approach to counteract the immunosuppressive microenvironment and to favor immune tumor rejection is to administer stimulatory agents such as microbial moieties (pathogen-associated molecular patterns or PAMPs) (El Andaloussi *et al.*, 2006c; Grauer *et al.*, 2007a; Grauer *et al.*, 2008a). Indeed, innate immune cells and, especially APCs (e.g. dendritic cells (DC), macrophages (Mφ) and microglia), are efficiently activated by PAMPs through signaling pathogen recognition receptor (PRR), including toll-like receptor (TLR) (Rivest, 2009). Several TLR ligands, notably, the TLR9 agonist CpG-ODN, used alone or as adjuvant, have been evaluated for the treatment of brain tumor in preclinical models

(Meng *et al.*, 2005; El Andaloussi *et al.*, 2006c; Grauer *et al.*, 2007a; Grauer *et al.*, 2008a; Alizadeh *et al.*, 2010) or in clinical trials (Carpentier *et al.*, 2006b; Carpentier *et al.*, 2010). CpG-ODN are synthetic unmethylated CpG dinucleotide sequences which are potent activators of APCs for Ag presentation and cross-presentation, including microglial cells (Dalpke *et al.*, 2002a; Beauvillain *et al.*, 2008). CpG-ODN upregulate co-stimulatory molecule expression, induce proinflammatory cytokine production (e.g. IL-12, TNFα, IL-1β, IL-6) and promote the activation of natural killer (NK) cells, $CD4^+$ and $CD8^+$ T lymphocytes (Bode *et al.*, 2011).

In this study, we evaluated the efficacy of a combined immunotherapy of CNS tumors based on (i) systemic Treg depletion by using the depleting anti-CD25 mAb (PC61) and (ii) a local immunostimulation by intratumoral CpG-ODN 1826 injection. Results showed that Treg depletion and CpG-ODN injection protected mice against CNS tumor and that this protection was dependent, at least in part, on NK cells.

MATERIALS AND METHODS

Mice and tumoral cells
Six to twelve-week-old C57Bl/6J mice were purchased from Charles River laboratories (L'Arbresle, France). Mice were bred in our animal facility under specific pathogen-free status and manipulated according to institutional guidelines. The protocols were approved by the regional ethics committee of the Pays de la Loire (France).
E.G7 (ATCC, Manassas, VA), an EL4-derived cell line (T lymphoma) expressing ovalbumin (OVA) as tumor model antigen, were cultured in RPMI 1640 medium supplemented with 10 % heat inactivated FCS, 1 mM sodium pyruvate, 10 mM Hepes, 2 mM L-Glutamine, 0.025 mM non essential amino acids and 500 μg/ml G418 (all from Lonza, Basel, Switzerland).

Immunotherapeutic reagents
The CpG-ODN 1826 (5'-*TCC ATG ACG TTC CTG ACG TT*-3'), a potent TLR9 agonist, is a B-Class ODN characterized by two 6mer motif 5'-GACGTT-3', (described as the optimal murine CpG motif), and by phosphorothioate modifications (which enhance the activity by 10 to 100 fold compared to phosphodiester ODN) (Vollmer & Krieg, 2009). CpG-ODN 1826 and the same oligodeoxynucleotide without CG sequences, named nCpG-ODN (5'-*TCC ATG*

AGC TTC CTG AGC TT-3') used as a control, were purchased from MWG-biotech (Ebersberg, Germany). Anti-CD25 (clone PC61) antibodies were from BioXCell (West Lebanon, NH).

Cell viability assay

E.G7 cells were incubated with 10 μg/mL nCpG-ODN or CpG-ODN, or 10 μM etoposide (Sigma-Aldrich, St Louis, MO) for 8, 24 and 48 hrs. Cells were washed with cold PBS and incubated for 10 min in PBS containing 0.5 μg/mL propidium iodide (Sigma-Aldrich). The number of dead cells was determined by flow cytofluorometry using a FACScalibur cytofluorometer (BD Biosciences, Erembodegem, Belgium) driven by the CellQuest software.

RT-PCR analysis

E.G7 cells were stimulated or not with 50 U/mL IFNγ (ImmunoTools, Friesoythe, Germany) for 12 h. Total RNA was extracted using Trizol reagent, as indicated by the manufacturer (Invitrogen, Cergy-Pontoise, France). mRNA was reverse transcribed at 37°C for 1 hour in a 50 μL reaction buffer containing 200 μM dNTP, 2.65 μg random primer pd(N)$_6$ (Amersham Biosciences, Orsay, France) and 200 U MMLV reverse transcriptase (Promega, Lyon, France). Two μl of the reverse transcription products were used for PCR in a 50 μl reaction containing 1500 μM MgCl$_2$, 800 μM dNTPs, 0.5 U Taq DNA polymerase (Promega) and 1 μM primers (MWG biotech). The sequences of the primers are: TLR9, 5'-GGT GTG GAA CAT CAT TCT-3' and 5'-ATA CGG TTG GAG ATC AAG-3' ; GAPDH, 5'-TGC GAC TTC AAC AGC AAC TC-3' and 5'-CTT GTC CAG TGT CCT TGC TG-3'. PCRs were performed with a denaturing temperature of 94°C (45 sec), annealing temperature of 52°C (TLR9) or 58°C (GAPDH) (60 sec) and extension temperature of 72°C (60 sec) repeated for 35 cycles, the last cycle being followed by a final extension (5 min at 72°C). Total mRNA of mouse spleen was used as positive control of TLR9 mRNA expression; negative control lacking RT was included in each experiment. The amplified fragments were size-separated on a 2% agarose gel containing ethidium bromide and visualized under UV illumination.

Intracranial tumor implantation and treatment

Mice were anesthetized with an intraperitoneal injection of ketamine (10 μg/g) and xylazine (1 μg/g) and were placed in a stereotactic frame (Stoelting, Dublin, Ireland). The animals underwent an injection (0.5 μl/min) of 5x10^3 tumoral cells in 3 μl sterile PBS with a Hamilton syringe, 2 mm on the right of the medial suture and 0.5 mm in front of the Bregma, at a depth of 2.5 mm. Syringe was held in place for an additional minute and was slowly removed to avoid backfilling of the solution. Animals were daily observed and euthanized when characteristic symptoms occurred, such as reduced mobility and significant weight loss, or followed as long-term survivors after 90 days.

Treg depletion was performed 10 days before E.G7 implantation by an intraperitoneal injection of 100 μg anti-CD25 mAb. CpG-ODN or nCpG-ODN (10 μg in 2 μl of PBS) were stereotaxically injected in the tumor 5 days after E.G7 implantation.

Isolation of brain cells

Mice were anesthetized with an intraperitoneal injection of ketamine/xylazine and were intracardiacally perfused with NaCl 0.9%. Meninges were mechanically removed and the brains were dilacerated and digested in a 1 % trypsin solution (Roche, Meylan, France) for 30 min at 37°C. The preparation was then filtered and brain cells were enriched by a discontinuous 30:70% isotonic Percoll gradient (Sigma-Aldrich), as previously described (Donnou et al., 2005a).

Flow cytometry analysis

Brain and spleen cells were incubated at 4°C for 20 minutes with 10 μg/mL anti-CD16/CD32 mAb before incubation for 30 minutes with 10 μg/mL of the indicated primary mAbs or isotype controls (see below). For Foxp3 intracellular staining, cells were permeabilized using the staining Buffer (eBioscience, San Diego, CA) according to the manufacturer's instructions. After staining, cells were washed and fixed with PFA. The phenotype of the cells was analyzed by flow cytofluorometry using a FACSaria cytofluorometer (BD Biosciences) driven by the Diva software.

Anti-CD16/CD32 (clone 2.4G2, rat IgG2b), PE-Cy5 anti-CD4 (clone RM4-5, rat IgG2a), FITC anti-CD8α (clone 53-6.7, rat IgG2a), APC-A750 anti-CD11b (clone M1/70, rat IgG2b), PE-CY7 anti-CD11c (clone N418, hamster IgG), APC anti-CD19 (clone MB19-1, mouse IgA), PE-Cy7 anti-CD25 (clone PC61.5, rat IgG1), PE anti-CD45 (clone 30-F11, rat IgG2b), PE anti-CD49b (clone DX5, rat IgM), Alexa fluor® 488 anti-FoxP3 (clone FJK-16s, rat IgG2a), APC anti-IL-10 (clone JES5-16E3, rat IgG2b) and the corresponding isotype controls were from e-Biosciences.

NK cell depletion

To determine the effector cells mediating tumor elimination, mice were depleted in NK cells by an intraperitoneal injection of 250 μg anti-NK1.1 mAb (clone PK136 ; BioXCell) as described by Koo and Peppard (Koo & Peppard, 1984). This depletion started 3 days before E.G7 implantation and was renewed twice a week during the experiment.

Statistical analysis

Data (expressed as mean ± SD) were analyzed using GraphPad Prism 5.0 software (GraphPad Software, Inc., San Diego, CA) and Student's t test to reveal significant differences (*p<0.05 ; **p<0,005 ; ***p< 0.0005).

RESULTS

PC61 and CpG-ODN did not affect E.G7 cell viability

E.G7 is a T lymphoma and CD25 is expressed by some T lymphocytes. Moreover, TLR are widely expressed by immune and tumoral cells (Hornung *et al.*, 2002; Huang *et al.*, 2005). We thus had to evaluate whether the PC61 and/or CpG-ODN may affect the tumoral cell viability. FACS analysis showed that E.G7 cells express CD45 but not CD25 (Fig 1A), allowing excluding a direct effect of PC61 on these cells. Moreover, E.G7 cells did not express TLR9 mRNA, even after IFNγ stimulation (Fig 1B); spleen mRNA was used as positive control. Finally, neither CpG-ODN nor nCpG-ODN did affect *in vitro* E.G7 cell viability, in contrast to etoposide used as positive control (Fig 1C).

Treg depletion and CpG-ODN induce CNS tumor remission and a protective memory antitumoral response

The timing for PC61 and CpG injections (Fig 2A) was determined on the frequency of Foxp3$^+$ cells among the CD4$^+$ cell population in cervical lymph nodes (cLN) in tumor-free mice injected with PC61 (Fig 2B). Results showed that the frequency of natural CD4$^+$/Foxp3$^+$ Tregs was significantly reduced (p<0.005) in PC61-injected mice from day 5 to day 12 (4.91 ± 0.56 % and 4.6 ± 0.50 % respectively; mean ± SD, n=6), and that a slight increase was evidenced at day 15 (5.9 ± 1.03 %) compared to non-injected mice (8.78 ± 0.56 %; Fig 2B). Based on these results, we decided to inject the PC61 mAb 10 days before tumor implantation, a timing allowing to deplete natural Treg and to limit the effect on CD25$^+$ effector T cells at the time of CpG-ODN injection.

We evaluated the potential beneficial effect of Treg depletion and CpG-ODN injection, used alone or in association, in the treatment of brain tumor-bearing mice, by a daily follow-up of the animals for 90 days. As shown in Fig 2C, untreated mice were all dead at day 24 (21.3 ± 0.79 days; survival mean ± SD, n=10). A single local injection of CpG-ODN induced the complete tumor rejection in 30 % of mice and increased the survival time for the others (30.57 ± 2.74 days; mean ± SD, n=7). PC61 alone induced the survival of 80 % of mice. Interestingly, the association of Treg depletion and CpG-ODN injection led to the survival of all animals (Fig 2C). Moreover, 60 % of surviving mice were resistant to a second brain E.G7 implantation, without any additional treatment (Fig 2C).

Collectively, these results showed that a treatment combining Treg depletion and CpG-ODN allowed mice to reject a CNS tumor and leaded to a protective memory antitumoral immune response.

Treg depletion and CpG-ODN induce immune cell recruitment in the CNS

We next characterized the cellular mechanisms involved in the antitumoral immune response induced by Treg depletion and CpG-ODN injection. The nature of the immune cells present in the CNS of tumor-bearing mice, treated or not by PC61 and/or CpG-ODN, was analyzed 7 days after tumor implantation.

As shown in Fig 3A, the frequency of CD11b$^+$ myeloid cells was not significantly modulated by CNS tumor development, even after PC61 and/or CpG-ODN injection. However, CpG-ODN administration induced a shift of CD11b$^+$/CD11c$^-$ microglial/macrophagic cells toward a CD11b$^+$/CD11c$^+$ dendritic cell phenotype. Indeed, the frequency of the CD11b$^+$/CD11c$^+$ cells was increased in E.G7 bearing mice treated by CpG-ODN alone (3.81 ± 0.42 % ; mean ± SD, n=5) or in association with PC61 (6.05 ± 1.06 %), compared to untreated mice (0.62 ± 0.20 %), while the frequency of the CD11b$^+$/CD11c$^-$ cells was decreased in E.G7 bearing mice treated by CpG-ODN alone (9.40 ± 0.79 %) or in association with PC61 (7.25 ± 0.46 %), compared to untreated mice (14.25 ± 1.53 %; Fig 3A).

Concerning lymphoid cells, we observed that E.G7 development alone did not modulate the frequency of the CD4$^+$ and CD8$^+$ T cells, CD19$^+$ B cells and NK cells, compared to tumor free mice (Fig 3B-E). However, the association of PC61 and CpG-ODN strongly increased the frequencies of both CD4$^+$ (1.54 ± 0.31; mean ± SD, n=5) (Fig 3B) and

CD8$^+$ cells (1.26 ± 0.28) (Fig 3C), CD19$^+$ B cells (0.23 ± 0.05) (Fig 3D) and NK cells (0.58 ± 0.14) (Fig 3E)

As expected, a single injection of PC61 in E.G7 bearing mice, significantly reduced (p<0.005) the presence of natural Foxp3$^+$ Tregs (10.33 ± 0.62; compared to 17.56 ± 0.78 in untreated mice) (Fig 3B, middle panel) and of inducible IL-10$^+$ Tregs (2.69 ± 0.20, compared to 5.92 ± 0.52 in untreated mice) (Fig 3B, lower panel). These effects were not potentiated by CpG-ODN (Fig 3B).

In contrast, CpG-ODN alone did not modulate the frequency of CD4$^+$ T cells (Fig 3B, upper panel), CD8$^+$ T cells (Fig 3C) and CD19$^+$ B cells (Fig 3D), nor did it affect the infiltration of natural and/or inducible Tregs (Fig 3B, middle and lower panels) compared to untreated E.G7-bearing mice. Interestingly, CpG-ODN induced a strong increase in the frequency of NK cells in the brain (0.36 ± 0.06, compared to 0.05 ± 0.01 in untreated mice) (Fig 3E). Moreover, while a single injection of PC61 in E.G7 bearing mice did not modulate the frequency of NK cells (0.04 ± 0.01), the recruitment of NK cells was potentiated by CpG-ODN *plus* PC61 (0.58 ± 0.14) (Fig 3E).

The protective effect of Treg depletion and CpG-ODN is dependent on NK cells

Treg depletion and CpG-ODN injection induced an important recruitment of NK cells. A recent study reported that NK cells have a central role in the CpG-ODN-based immunotherapy (Alizadeh *et al.*, 2010). To evaluate their role in our model, NK cell depletion was performed. Injection of the depleting anti-NK cell mAb (PK136) eliminated more than 80 % of spleen NK cells (Fig 4A).

We next evaluated the effect of Treg depletion and CpG-ODN in E.G7 brain tumor rejection in NK cell depleted mice. Results showed that the injection of the depleting anti-NK cell mAb did not modify the survival of untreated mice implanted with E.G7 cells (23.20 ± 1.32 days and 24.00 ± 0.55 days, in NK cell-depleted and non-depleted mice, respectively; mean ± SD, n=5) (Fig 4B). However, the survival of CNS tumor-bearing mice in response to Treg depletion and CpG-ODN was significantly reduced by NK cell depletion (40 % survival at day 50) (Fig 4B). Collectively, these results evidence a primordial role of NK cells in the protection against CNS tumors.

DISCUSSION

Immunotherapy represents a promising strategy for the treatment of malignant brain tumors (Johnson & Sampson, 2010). Despite the ability to induce a tumor specific immune response, a modest clinical efficacy was obtained (Van Gool *et al.*, 2009; Vauleon *et al.*, 2010) unless local immunosuppressive environment was decreased (Liau *et al.*, 2005). Brain tumors infiltrating Tregs has been implicated as an important factor to suppress immune response and their depletion was efficient to break immune tolerance in experimental brain tumor models (El Andaloussi *et al.*, 2006a; Grauer *et al.*, 2007b; Grauer *et al.*, 2008b). Nevertheless, brain tumor-associated APC are also important to retain specific cytotoxic T lymphocytes and to maintain an activated status into the tumor (Calzascia *et al.*, 2003b; Masson *et al.*, 2007). The intracranial injection of dendritic cells was evaluated with some benefit (Yamanaka *et al.*, 2005; Pellegatta *et al.*, 2010). However, a more pratical approach is the local administration of CpG-ODN which exerts their immunostimulating effects via TLR9. In addition to peripheral DC and macrophages, the TLR9 is also express by microglia, resident APC infiltrating rapidly and in large number brain tumors (Rivest, 2009). Based on pre-clinical data, phase I and phase II clinical trials demonstrated the promising potential of CpG-ODN in glioma therapy (Carpentier *et al.*, 2006b; Carpentier *et al.*, 2010). Although some animal studies have shown that CpG-ODN anti-tumoral effect could be associated to the induction of tumoral cell apoptosis (Grauer *et al.*, 2008a), the viability of human brain tumors seems not to be affected by this agent (Wang *et al.*, 2010).

In this study, we aimed to evaluate a therapeutic strategy associating Treg depletion and CpG-ODN injection. Our results showed that this combined immunotherapy allowed to protect all mice against CNS tumor. The induced antitumoral response, which was not associated to a direct tumoral toxicity of PC61 and CpG-ODN, was dependent on NK cells.

As previously reported (Ballas, 2007), CpG-ODN injection alone, which could increase the NK cell-activity, induced the recruitment of NK cells in the E.G7 tumor environment. NK cells are major actors of the innate immune system which favour the activation of immune cells, especially APC, by the secretion of pro-inflammatory cytokines (e.g. IFNγ) (Vivier *et al.*, 2008) and, mainly via direct cytoxicity and ADCC, contribute to peripheral and brain tumor rejection (Roda *et al.*, 2005). However, Tregs limit the number of NK cells within the tumor environment and may profoundly inhibit their effector functions (Zimmer *et al.*, 2008). Indeed, in our model, Treg depletion and CpG injection promoted a greater recruitment of NK cells than CpG-ODN alone, with a potent anti-tumoral cytotoxic activity as their depletion abrogated the antitumoral protective effect of the combined treatment in 60% of mice. As the PK136 injection did not eliminate all NK cells, we could hypothesize that the remaining NK cells participated in the observed tumor rejection.

In addition to the crucial role of NK cells, other immune cells were also associated in tumor rejection. We observed that CpG-ODN (alone or in association with Treg depletion) increased the frequency of CD11b$^+$/CD11c$^+$ dendritic cells. These cells have been described to accumulate within the CNS in response to inflammatory signals, especially CpG-ODN (Tripp et al., 2010). Since the total number of brain CD11b$^+$ myeloid cells was not significantly modulated, these DC could derive from resident microglia during therapy, as suggested by previous evidences (Reichmann et al., 2002a). Moreover, intravital microscopy has recently revealed that Treg contact DC more frequently than potential T effector targets (Tadokoro et al., 2006). Their depletion after anti-CD25 mAb injection allowed thus a best interaction between APC and effector T cells. An important recruitment of CD4$^+$ and CD8$^+$ T lymphocytes within the brain was effectively observed in response to Treg depletion and CpG-ODN administration. Although T lymphocytes do not express TLR9, it has been demonstrated that CpG-ODN stimulation could, via the induction of APCs-derived interferon type I and IL-12, enhance the activation of T lymphocytes and favour Th1 responses (Kranzer et al., 2000). A number of inflammatory cytokines, produced by activated APC, also inhibit the activation and expansion of Tregs. Then, after appropriate activation by efficient APCs, T cells are engaged for tumor elimination and lead to anti-tumoral memory response avoiding recurrence (Wieder et al., 2008).

Similarly, the frequency of CD19$^+$ B cells was increased in response to PC61 and CpG-ODN injection, which have been reported to favour B cell activities (Lenert, 2010). Although the implication of B cells in tumor rejection remained undefined (Bouaziz et al., 2008; DiLillo et al., 2010), a recent study has demonstrated that humoral responses could participate to the tumor rejection by promoting NK cell-mediated ADCC (Triulzi et al., 2010).

Finally, our results showed that Treg depletion and CpG-ODN injection protected mice against recurrence by inducing a memory immune response. The combined treatment, notably by inducing a significant NK cell recruitment, could promote the tumoral antigen release. CpG-ODN stimulated APCs, in the absence of Treg cells, lead to the initiation of antigen-specific $CD4^+$ and $CD8^+$ T cell implicated in memory immune response. These memory T cells became resistant to Treg mediated suppression (Miyara & Sakaguchi, 2007). In addition, recent studies reported that NK cells could be implicated in immune memory by their clonal expansion and modification of their mRNA profile (Sun *et al.*, 2011). These "memory" NK cells produce higher amounts of cytokines and degranulate more rapidly resulting in a more robust immune responses against recurrence (Sun & Lanier, 2009).

In conclusion, this study shows that an immune strategy, combining Treg depletion and CpG-ODN injection, lead to brain tumor rejection and antitumoral immune memory response. This protective effect is associated with a strong infiltration of NK cells. Our results clearly demonstrate that Treg elimination is an effective approach to counteract the local immunosuppressive environment and that intracranial CpG-ODN injection may promote, by NK cell recruitment and local CPA activation, an effector T cell response leading to successful eradication of brain tumor. Since Treg depletion was transient, timing of GpG injection is critical. Our findings promote the clinical use of this combined immunotherapy for patients with brain tumors

ACKOWLEDGEMENTS

We thank members of the animal facility of the University Hospital of Angers for animal breeding assistance.

REFERENCES

1.   Johnson LA, Sampson JH. Immunotherapy approaches for malignant glioma from 2007 to 2009. Current neurology and neuroscience reports. 2010;10:259-66.
2.   Buckner JC, Brown PD, O'Neill BP, Meyer FB, Wetmore CJ, Uhm JH. Central nervous system tumors. Mayo Clinic proceedings. 2007;82:1271-86.
3.   Bailey SL, Carpentier PA, McMahon EJ, Begolka WS, Miller SD. Innate and adaptive immune responses of the central nervous system. Critical reviews in immunology. 2006;26:149-88.
4.   Vauleon E, Avril T, Collet B, Mosser J, Quillien V. Overview of cellular immunotherapy

for patients with glioblastoma. Clin Dev Immunol. 2010;2010.
5.   Van Gool S, Maes W, Ardon H, Verschuere T, Van Cauter S, De Vleeschouwer S. Dendritic cell therapy of high-grade gliomas. Brain Pathol. 2009;19:694-712.
6.   Jacobs JF, Idema AJ, Bol KF, Grotenhuis JA, de Vries IJ, Wesseling P, et al. Prognostic significance and mechanism of Treg infiltration in human brain tumors. Journal of neuroimmunology. 2010;225:195-9.
7.   Sakaguchi S. Regulatory T cells: history and perspective. Methods Mol Biol. 2011;707:3-17.

8. Zhou L, Chong MM, Littman DR. Plasticity of CD4+ T cell lineage differentiation. Immunity. 2009;30:646-55.

9. Shalev I, Schmelzle M, Robson SC, Levy G. Making sense of regulatory T cell suppressive function. Semin Immunol. 2011.

10. El Andaloussi A, Han Y, Lesniak MS. Prolongation of survival following depletion of CD4+CD25+ regulatory T cells in mice with experimental brain tumors. Journal of neurosurgery. 2006;105:430-7.

11. Grauer OM, Nierkens S, Bennink E, Toonen LW, Boon L, Wesseling P, et al. CD4+FoxP3+ regulatory T cells gradually accumulate in gliomas during tumor growth and efficiently suppress antiglioma immune responses in vivo. International journal of cancer. 2007;121:95-105.

12. Grauer OM, Sutmuller RP, van Maren W, Jacobs JF, Bennink E, Toonen LW, et al. Elimination of regulatory T cells is essential for an effective vaccination with tumor lysate-pulsed dendritic cells in a murine glioma model. Int J Cancer. 2008;122:1794-802.

13. El Andaloussi A, Sonabend AM, Han Y, Lesniak MS. Stimulation of TLR9 with CpG ODN enhances apoptosis of glioma and prolongs the survival of mice with experimental brain tumors. Glia. 2006;54:526-35.

14. Grauer O, Poschl P, Lohmeier A, Adema GJ, Bogdahn U. Toll-like receptor triggered dendritic cell maturation and IL-12 secretion are necessary to overcome T-cell inhibition by glioma-associated TGF-beta2. Journal of neuro-oncology. 2007;82:151-61.

15. Grauer OM, Molling JW, Bennink E, Toonen LW, Sutmuller RP, Nierkens S, et al. TLR ligands in the local treatment of established intracerebral murine gliomas. J Immunol. 2008;181:6720-9.

16. Rivest S. Regulation of innate immune responses in the brain. Nat Rev Immunol. 2009;9:429-39.

17. Alizadeh D, Zhang L, Brown CE, Farrukh O, Jensen MC, Badie B. Induction of anti-glioma natural killer cell response following multiple low-dose intracerebral CpG therapy. Clinical cancer research : an official journal of the American Association for Cancer Research. 2010;16:3399-408.

18. Meng Y, Carpentier AF, Chen L, Boisserie G, Simon JM, Mazeron JJ, et al. Successful combination of local CpG-ODN and radiotherapy in malignant glioma. International journal of cancer. 2005;116:992-7.

19. Carpentier A, Laigle-Donadey F, Zohar S, Capelle L, Behin A, Tibi A, et al. Phase 1 trial of a CpG oligodeoxynucleotide for patients with recurrent glioblastoma. Neuro-oncology. 2006;8:60-6.

20. Carpentier A, Metellus P, Ursu R, Zohar S, Lafitte F, Barrie M, et al. Intracerebral administration of CpG oligonucleotide for patients with recurrent glioblastoma: a phase II study. Neuro-oncology. 2010;12:401-8.

21. Dalpke AH, Schafer MK, Frey M, Zimmermann S, Tebbe J, Weihe E, et al. Immunostimulatory CpG-DNA activates murine microglia. J Immunol. 2002;168:4854-63.

22. Beauvillain C, Donnou S, Jarry U, Scotet M, Gascan H, Delneste Y, et al. Neonatal and adult microglia cross-present exogenous antigens. Glia. 2008;56:69-77.

23. Bode C, Zhao G, Steinhagen F, Kinjo T, Klinman DM. CpG DNA as a vaccine adjuvant. Expert Rev Vaccines. 2011;10:499-511.

24. Vollmer J, Krieg AM. Immunotherapeutic applications of CpG oligodeoxynucleotide TLR9 agonists. Advanced drug delivery reviews. 2009;61:195-204.

25. Donnou S, Fisson S, Mahe D, Montoni A, Couez D. Identification of new CNS-resident macrophage subpopulation molecular markers for the discrimination with murine systemic macrophages. Journal of neuroimmunology. 2005;169:39-49.

26. Koo GC, Peppard JR. Establishment of monoclonal anti-Nk-1.1 antibody. Hybridoma. 1984;3:301-3.

27. Hornung V, Rothenfusser S, Britsch S, Krug A, Jahrsdorfer B, Giese T, et al. Quantitative expression of toll-like receptor 1-10 mRNA in cellular subsets of human peripheral blood mononuclear cells and sensitivity to CpG oligodeoxynucleotides. J Immunol. 2002;168:4531-7.

28. Huang B, Zhao J, Li H, He KL, Chen Y, Chen SH, et al. Toll-like receptors on tumor cells facilitate evasion of immune surveillance. Cancer research. 2005;65:5009-14.

29. Liau LM, Prins RM, Kiertscher SM, Odesa SK, Kremen TJ, Giovannone AJ, et al. Dendritic cell vaccination in glioblastoma patients induces systemic and intracranial T-cell responses modulated by the local central nervous system tumor microenvironment. Clinical cancer research : an official journal of the American Association for Cancer Research. 2005;11:5515-25.

30. Calzascia T, Di Berardino-Besson W, Wilmotte R, Masson F, de Tribolet N, Dietrich PY, et al. Cutting edge: cross-presentation as a mechanism for efficient recruitment of tumor-specific CTL to the brain. Journal of immunology. 2003;171:2187-91.

31. Masson F, Calzascia T, Di Berardino-Besson W, de Tribolet N, Dietrich PY, Walker PR. Brain microenvironment promotes the final functional maturation of tumor-specific effector CD8+ T cells. Journal of immunology. 2007;179:845-53.

32. Pellegatta S, Poliani PL, Stucchi E, Corno D, Colombo CA, Orzan F, et al. Intra-tumoral dendritic cells increase efficacy of peripheral vaccination by modulation of glioma microenvironment. Neuro-oncology. 2010;12:377-88.

33. Yamanaka R, Honma J, Tsuchiya N, Yajima K, Kobayashi T, Tanaka R. Tumor lysate and IL-18 loaded dendritic cells elicits Th1 response, tumor-specific CD8+ cytotoxic T cells in patients with malignant glioma. Journal of neuro-oncology. 2005;72:107-13.

34. Wang C, Cao S, Yan Y, Ying Q, Jiang T, Xu K, et al. TLR9 expression in glioma tissues correlated to glioma progression and the prognosis of GBM patients. BMC cancer. 2010;10:415.

35. Ballas ZK. Modulation of NK cell activity by CpG oligodeoxynucleotides. Immunologic research. 2007;39:15-21.

36. Vivier E, Tomasello E, Baratin M, Walzer T, Ugolini S. Functions of natural killer cells. Nature immunology. 2008;9:503-10.

37. Roda JM, Parihar R, Carson WE, 3rd. CpG-containing oligodeoxynucleotides act through TLR9 to enhance the NK cell cytokine response to antibody-coated tumor cells. J Immunol. 2005;175:1619-27.

38. Zimmer J, Andres E, Hentges F. NK cells and Treg cells: a fascinating dance cheek to cheek. European journal of immunology. 2008;38:2942-5.

39. Tripp CH, Ebner S, Ratzinger G, Romani N, Stoitzner P. Conditioning of the injection site with CpG enhances the migration of adoptively transferred dendritic cells and endogenous CD8+ T-cell responses. Journal of immunotherapy. 2010;33:115-25.

40. Reichmann G, Schroeter M, Jander S, Fischer HG. Dendritic cells and dendritic-like microglia in focal cortical ischemia of the mouse brain. Journal of neuroimmunology. 2002;129:125-32.

41. Tadokoro CE, Shakhar G, Shen S, Ding Y, Lino AC, Maraver A, et al. Regulatory T cells inhibit stable contacts between CD4+ T cells and dendritic cells in vivo. The Journal of experimental medicine. 2006;203:505-11.

42. Kranzer K, Bauer M, Lipford GB, Heeg K, Wagner H, Lang R. CpG-oligodeoxynucleotides enhance T-cell receptor-triggered interferon-gamma production and up-regulation of CD69 via induction of antigen-presenting cell-derived interferon type I and interleukin-12. Immunology. 2000;99:170-8.

43. Wieder T, Braumuller H, Kneilling M, Pichler B, Rocken M. T cell-mediated help against tumors. Cell cycle (Georgetown, Tex. 2008;7:2974-7.

44. Lenert PS. Classification, mechanisms of action, and therapeutic applications of inhibitory oligonucleotides for Toll-like receptors (TLR) 7 and 9. Mediators of inflammation. 2010;2010:986596.

45. Bouaziz JD, Yanaba K, Tedder TF. Regulatory B cells as inhibitors of immune responses and inflammation. Immunological reviews. 2008;224:201-14.

46. DiLillo DJ, Yanaba K, Tedder TF. B cells are required for optimal CD4+ and CD8+ T cell tumor immunity: therapeutic B cell depletion enhances B16 melanoma growth in mice. Journal of immunology. 2010;184:4006-16.

47. Triulzi C, Vertuani S, Curcio C, Antognoli A, Seibt J, Akusjarvi G, et al. Antibody-dependent natural killer cell-mediated cytotoxicity engendered by a kinase-inactive human HER2 adenovirus-based vaccination mediates resistance to breast tumors. Cancer research. 2010;70:7431-41.

48. Miyara M, Sakaguchi S. Natural regulatory T cells: mechanisms of suppression. Trends Mol Med. 2007;13:108-16.

49. Sun JC, Lopez-Verges S, Kim CC, DeRisi JL, Lanier LL. NK cells and immune "memory". Journal of immunology. 2011;186:1891-7.

50. Sun JC, Lanier LL. Natural killer cells remember: an evolutionary bridge between innate and adaptive immunity? European journal of immunology. 2009;39:2059-64.

FIGURES LEGENDS

Figure 1: Neither PC61 nor CpG-ODN did directly affect E.G7 cell viability. A) E.G7 cells were analyzed by FACS for CD45 and CD25 expression. Grey histograms correspond to isotype control mAbs. **B)** TLR9 and GAPDH mRNA were analyzed by RT-PCR in E.G7 cells stimulated or not with IFNγ. mRNA of mice thymus total extract was used as positive control (+). **C)** E.G7 cells were incubated or not (--▲--) for 8, 24 and 48 h, with 10 µg/mL nCpG-ODN (--♦--) or CpG-ODN (--▼--), 10 µM etoposide (—■—). Cell viability was analyzed by FACS by propidium iodide staining..Representative data of three separate experiments

Figure 2: PC61 and CpG-ODN induced tumor rejection and lead a protective memory antitumor response. A) Schematic representation of the immunotherapeutic protocol **B)** Mice were injected i.p. with 100 µg PC61 and Tregs (CD4$^+$ Foxp3$^+$) from cervical lymph node (cLN) were quantified by flow cytometry from day 5 to 15 after the injection. Results are expressed as pourcentage of the total number of CD4$^+$T cells (mean ± SD, n=3) ; **p<0,005). **C)** Mice (n=10/gr) with E.G7 brain tumor were treated or not (■), with CpG-ODN (♦), PC61 (▲) or both (●) and were daily evaluated. Surviving mice treated by PC61 and CpG-ODN underwent a second intra-cerebral tumor implantation at day 90 after the firth injection of E.G7 cells (n=5).

Figure 3: PC61 and CpG-ODN induced immune cell infiltration in the brain. A). E.G7 brain tumor bearing mice were treated or not by CpG-ODN, PC61 or both. Seven days after tumor implantation, brain cells were isolated and analyzed by flow cytometry for the percentage of CD11b$^+$/CD11c$^+$(A), CD4$^+$/Foxp3$^+$/IL-10$^+$ **(B)**, CD8$^+$ **(C)**, CD19$^+$ **(D)** and NK **(E)** cells. Histograms represent the percentage of positive cells among all isolated cells (mean ± SD, n=3 ; *p<0.05, **p<0,005, ***p<0.005). Dot plots are representative of one among 3 analysis performed in untreated (upper panel) and PC61 and CpG-ODN treated mice (lower panel).

Figure 4: PC61 and CpG-ODN-induced anti-tumoral effect is mediated by NK cells. A) Mice underwent twice injection of the anti-NK1.1 mAb (day 0 and 4). At day 7, spleen cells from anti-NK1.1 mAb-injected mice or not were isolated and analyzed by flow cytometry for the pourcentage of CD49b$^+$ cells (mean ± SD, n=3 ; ***p<0.005). **B)** Non-depleted and NK cell depleted tumor bearing mice (n=5/gr) were not treated (respectively none (-) and PK136

(▲)) or treated with CpG-ODN and PC61 (respectively CpG-ODN + PC61(●) and CpG-ODN + PC61 / PK136 (♦)) and daily evaluated for survival.

Figure 1
Jarry *et al*

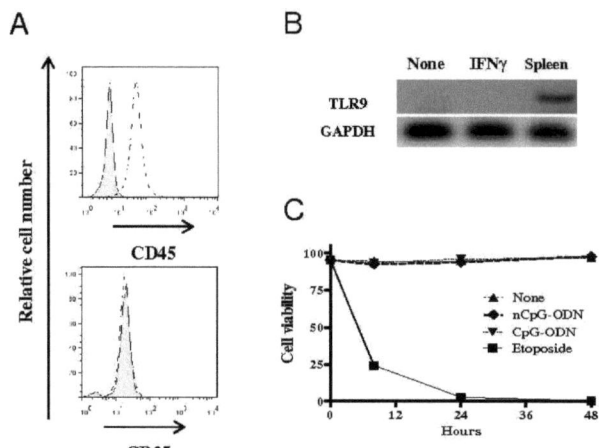

Figure 2
Jarry *et al*

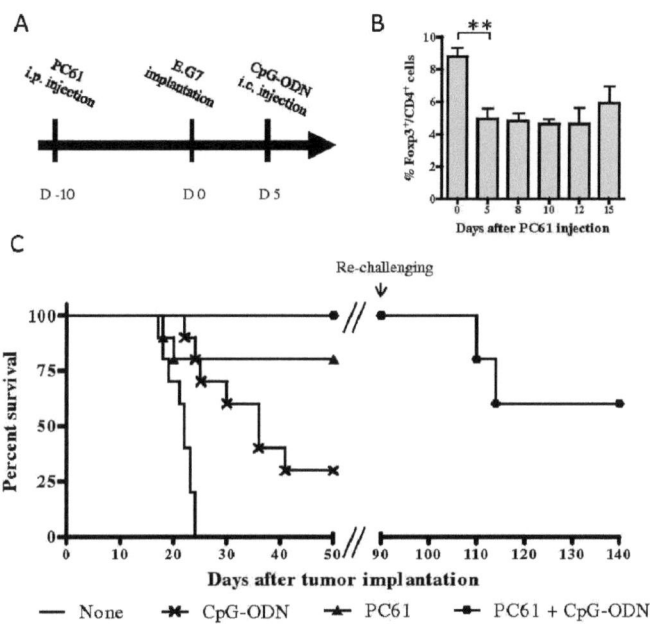

Figure 3
Jarry *et al*

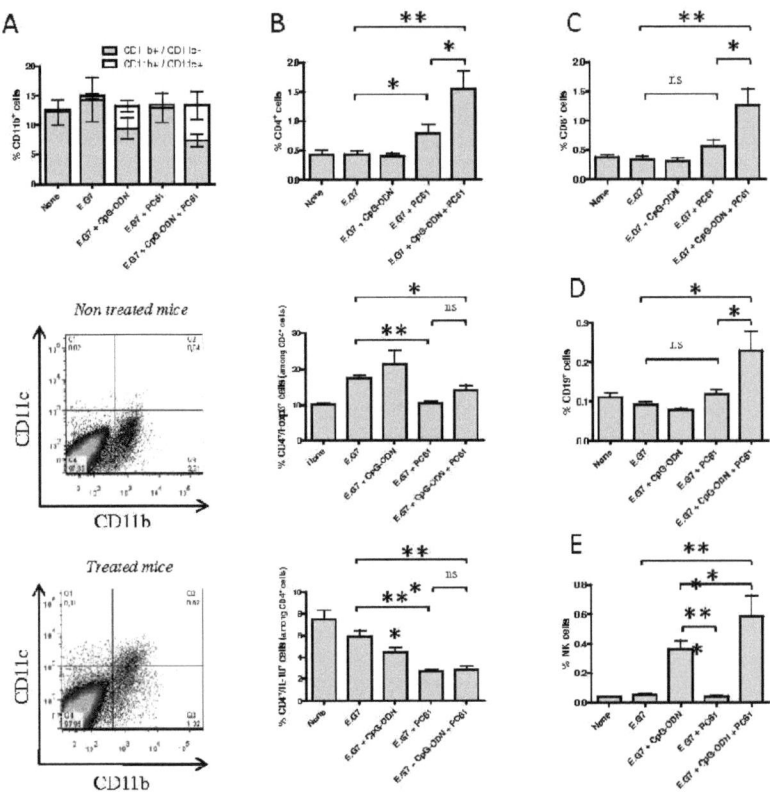

Figure 4
Jarry *et al*

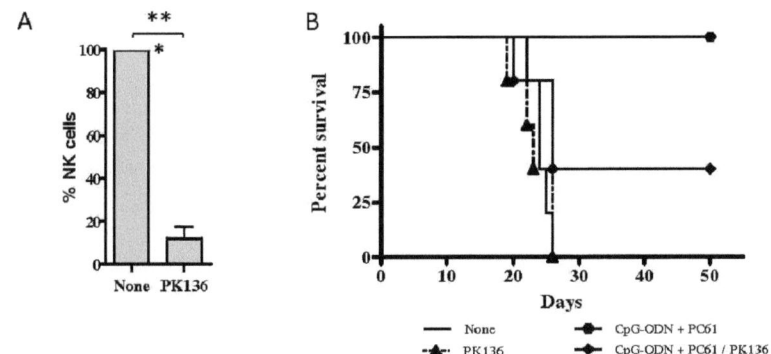

Utilisant le modèle de lymphome cérébral E.G7, nous avons évalué une stratégie thérapeutique associant la déplétion des Treg et l'injection de CpG-ODN. Nos résultats montrent que cette immunothérapie combinée permet la protection de l'ensemble des souris traitées et l'induction d'une mémoire immunitaire pour 60 % d'entres-elles. La réponse anti-tumorale induite, qui n'est pas associée à une toxicité tumorale direct, est essentiellement dépendante des cellules NK.

Confirmant les données de la littérature (Sivori *et al.*, 2006; Ballas, 2007), nos résultats montrent que l'injection de CpG-ODN, qui a été décrit comme favorisant l'activité des NK (Prins *et al.*, 2006; Alizadeh *et al.*, 2010), permet le recrutement de ces cellules au sein du SNC. Les cellules NK, qui constituent un élément majeur du système immunitaire inné, peuvent participer à l'immunité anti-tumorale, par toxicité direct ou dépendante des mécanismes d'ADCC (« antibody-dependent cell-mediated cytotoxicity ») (Roda *et al.*, 2005), ou encore en sécrétant des cytokines pro-inflammatoires (e.g. IFNγ) (Vivier *et al.*, 2008; Zimmer *et al.*, 2008). Cependant, la présence des Treg inhibe la présence ainsi que l'activité des cellules NK au sein de l'environnement tumoral (Trzonkowski *et al.*, 2004; Ghiringhelli *et al.*, 2005a; Smyth *et al.*, 2006). Ainsi, l'élimination temporaire des Tregs, grâce à l'administration d'un anticorps anti-CD25, renforce l'effet du CpG-ODN sur le recrutement et l'activité des cellules NK. Il a de plus été montré que l'absence de Treg permettait le développement de cellules NK "hyperactives", caractérisées par une forte sécrétion d'IFNγ et une activité anti-tumorale importante (Kottke *et al.*, 2008b). Le rôle critique des cellules NK dans le rejet de notre tumeur a été évalué grâce a l'utilisation d'un modèle de souris déplétées en cellules NK, basé sur l'injection d'un anticorps anti-NK1.1 (clone PK136). Leur déplétion a abrogé l'effet antitumoral induit par le traitement puisque seul 40 % des animaux traités par l'anticorps anti-CD25 et le CpG-ODN ont pu rejeter la tumeur. Sachant que 20 % des cellules NK ne sont pas éliminées dans ce modèle, il n'est pas impossible que la survie observée soient en partie du à aux cellules NK restantes.

Nos résultats montrent également que d'autres populations de cellules immunitaires semblent impliquées dans le rejet tumoral. Ainsi, nous observons que suite à l'injection de CpG-ODN, une population de cellules dendritiques CD11b[+]/CD11c[+] est détectée au sein du SNC, confirmant ainsi les données de la littérature (Cornet *et al.*, 2006; Haining *et al.*, 2008; Tripp *et al.*, 2010). Une donnée intéressante est que la fréquence en cellules CD11b[+] n'est pas affectée de manière significative. Sachant que les cellules microgliales peuvent acquérir un phénotype CD11b[+]/CD11c[+] et une morphologie similaire à celle des CD (Fischer &

117

Reichmann, 2001b; Reichmann *et al.*, 2002a; Platten & Steinman, 2005b), il est ainsi envisageable que, suite à l'injection de CpG-ODN, des cellules microgliales dérivent en CD.

De plus, des études par microscopie intravitale montrent que les Treg entre plus fréquemment en contact avec le CPA que les autres populations lymphocytaire T (Tadokoro *et al.*, 2006). Ainsi, leur déplétion dans l'environnement de notre tumeur cérébrale E.G7 va permettre au CPA d'interagir plus efficacement avec les LT effecteurs. Nous observons chez les animaux déplétés en Treg un recrutement en LT CD4$^+$ et CD8$^+$, lui-même augmenté après injection de CpG-ODN. Bien que les lymphocytes T n'expriment pas le TLR9, le CpG-ODN peut agir sur ces cellules en induisant la libération de cytokines pro-inflammatoires (e.g. INF de type I, IL-12) par les CPA (Kranzer *et al.*, 2000). Concernant les LB, nos résultats montrent également une augmentation de leur fréquence en réponse à la déplétion des Treg en à l'injection de CpG-ODN, qui a été decrit comme permettant d'améliorer leur activité sécrétoire (Krieg *et al.*, 1995; Krieg, 2002; Brummel & Lenert, 2005; Lenert, 2010). Bien que l'implication des LB dans le rejet tumoral reste méconnue (Bouaziz *et al.*, 2008; DiLillo *et al.*, 2010), il a été montré qu'une réponse à médiation humorale peut favoriser l'activité anti-tumorale des cellules NK par ADCC (Triulzi *et al.*, 2010).

En conclusion, ces travaux montrent que l'association de la déplétion des Treg et de l'injection de CpG-ODN permet le rejet d'une tumeur cérébrale dans un modèle de lymphome cérébral, ainsi que l'induction d'une mémoire immunitaire pouvant permettre d'éviter les récidives. Ce traitement, notamment en favorisant l'activité des cellules NK, peut permettre la libération d'antigènes tumoraux. Dès lors, ces antigènes peuvent être pris en charge par les CPA périphériques ayant infiltré la tumeur, et bien évidemment par les cellules microgliales. Ces CPA, n'étant pas soumises à l'immunosuppression due au Treg, vont alors pouvoir permettre l'activation des LT CD4$^+$ et CD8$^+$, notamment grâce à leur capacité de présentation antigénique croisée, et donc l'installation d'une réponse anti-tumorale efficace. La présence d'une mémoire immunitaire peut bien sur être imputée à l'induction de LT CD4$^+$ et CD8$^+$ mémoire, par ailleurs résistant à l'action des Treg (Miyara & Sakaguchi, 2007). Cependant, de récentes études font également état de l'existence d'une réponse NK mémoire (Alizadeh *et al.*, 2010; Sun *et al.*, 2011 ; Sun & Lanier, 2009). Ces travaux décrivent que, suite à leur activation, les cellules NK prolifèrent et subissent des modifications de leur transcriptome. Ces cellules NK ''mémoires'' vont alors être plus réactives et produire de grandes quantités de cytokines pro-inflammatoires, conduisant à une meilleur activité anti-tumorale dans le cas du développement d'une récidive.

DISCUSSION

Les tumeurs cérébrales primaires sont toujours de très mauvais pronostique malgré les progrès dans les traitements conventionnels tels que l'exérèse, la radiothérapie et la chimiothérapie. Ainsi, le développement d'un glioblastome (tumeur agressive de grade IV) laisse aux patients une espérance de vie inférieure à 2 ans et un risque de rechute presque inévitable (Stupp et al., 2005). Une voie nouvelle thérapeutique explorée pour le traitement des tumeurs cérébrales concerne les stratégies d'immunothérapie. Celles-ci sont basées sur la manipulation du système immunitaire afin d'induire l'élimination spécifique de l'ensemble des cellules tumorales dispersées dans le parenchyme cérébral. Ces stratégies présentent aussi l'avantage de ne pas affecter le tissu sain et de pouvoir induire le développement d'une réponse immunitaire anti-tumorale mémoire prévenant des récidives. Dans le cadre du développement d'une tumeur cérébrale, les stratégies d'immunothérapie doivent évidemment tenir compte des mécanismes régissant le système immunitaire au sein du système nerveux central (SNC) (Carson et al., 2006). Ce site immunologique particulier se caractérise notamment par la présence de la barrière hémato-encéphalique (BHE) (Steffen et al., 1996), l'absence d'un système lymphatique conventionnel (Aloisi et al., 2000b; Ling et al., 2003), la faible expression des molécules du CMH par les cellules de SNC (Joly et al., 1991), et la sécrétion constitutive de facteurs immunosuppresseurs (Bailey et al., 2006b). Néanmoins, les stratégies d'immunothérapie peuvent se baser sur la présence des cellules microgliales, principales cellules immunocompétentes du SNC.

Les cellules microgliales, longtemps qualifiées de macrophages (Mφ) du SNC, représentent environ 10 % des cellules gliales totales (Mittelbronn et al., 2001) et possèdent des origines variées (Prinz & Mildner, 2011 ; Ransohoff & Cardona, 2010 ; Kettenmann et al., 2011). En effet, elles sont en partie issues de précurseurs non-hématopoïétiques du mésoderme infiltrant le parenchyme nerveux durant l'embryogénèse, mais également renouvelées à l'âge adulte à partir de précurseurs sanguins et/ou de la moelle osseuse, infiltrant le parenchyme nerveux et se différencient in situ. Les cellules microgliales, assurant l'immuno-surveillance du SNC (Nimmerjahn et al., 2005; Ransohoff & Cardona, 2010), peuvent détecter les perturbations dans l'environnement notamment grâce à l'expression de récepteurs de l'immunité innée tel que les PRR (« pathogens recognition receptors ») et plus précisément les TLR (« Toll like receptor »). La stimulation de la microglie par les ligands des TLR se traduit par la sécrétion de nombreuses cytokines, chemokines et réactifs oxygénés, mais aussi par la surexpression de plusieurs molécules impliquées dans les mécanismes de présentation antigénique. Dès lors, les cellules microgliales deviennent des cellules présentatrices d'antigènes (CPA) compétentes.

Il a longtemps été considéré que les peptides antigéniques d'origine exogènes étaient uniquement associés aux CMH cl II, permettant l'activation des lymphocytes T auxiliaires, tandis que les peptides antigéniques endogènes étaient associés aux CMH cl I, permettant l'activation des lymphocytes T cytotoxiques (LTc) (Harding *et al*., 1995a; Watts, 1997b). La présentation antigénique croisée constitue une alternative à ces modes de présentation classique. Initialement découverte chez les CD (Kurts *et al*., 1997a; Bancherau & Steinman, 1998; Kurts *et al*., 2010), puis chez les Mφ (Debrick *et al*., 1991a; Randolph *et al*., 2008b), les LB (Hon *et al*., 2005a), et les neutrophiles (Beauvillain *et al*., 2007), ce mode de présentation induit l'apprêtement des peptides antigéniques exogènes au sein des molécules CMH cl I, permettant ainsi l'activation direct des LTc spécifiques, enjeu majeur dans le cadre d'immunothérapie active.

Il a été montré que l'activité de présentation croisée de CPA locales permettait la migration, la rétention et l'activation des LTc au sein du SNC dans le cadre du développement d'une tumeur cérébrale (Calzascia *et al*. 2005 ; Calzascia *et al*. 2003 ; Walker *et al*. 2000 ; Walter and Albert 2007), Néanmoins, nous ne savions pas si les cellules microgliales, qui sont idéalement situées pour lutter contre les tumeurs cérébrales et qui infiltrent massivement l'environnement tumorale, étaient douées de cette capacité. Ayant dans le laboratoire une méthode pour isoler la microglie adulte et les maintenir sous forme quiescente (Donnou *et al* 2005), nous avons pu montrer que les cellules microgliales primaires néonatales et adultes sont douées *in vitro* de la capacité de présentation antigénique croisée (Beauvillain *et al* 2008). Cette capacité fait intervenir la voie du protéasome et est dépendante du transporteur TAP. Les résultats obtenus montrent également que l'activité de présentation antigénique croisée de la microglie adulte, bien que plus faible que celle de la microglie néonatale, peut être potentialisée *in vitro* via l'utilisation d'agents stimulants (CpG-ODN et GM-CSF).

Fort de ces résultats, nous avons souhaité savoir si les cellules microgliales étaient également douées de cette capacité de présentation antigénique croisée *in vivo*, et si celle-ci permettaient l'induction de LTc dans le contexte immunosupprimé du SNC.

Afin de répondre à cette question, il a tout d'abord fallu s'affranchir de la présence des autres CPA de l'organisme. En effet, si sous leur forme quiescente, les cellules microgliales parenchymateuses se caractérisent par un phénotype CD11b$^+$/CD45^{faible}, à la moindre perturbation elles acquièrent un phénotype activé (CD45^{fort}) qui ne permet plus de les distinguer des autres CPA pouvant infiltrer le SNC, que sont les Mφ et CD périphériques et associés au SNC (Kim & Joh, 2006). Pour cela, nous avons développé un modèle de souris rendu aplasiques suite à une forte irradiation du corps, en excluant la tête de l'animal, mais sans reconstitution de la moelle osseuse. Les modèles de souris chimériques basées sur l'irradiation de l'ensemble du corps, sauf la tête, suivi d'une greffe de cellules de la moelle osseuse d'une autre souris possédant des caractéristiques phénotypiques souhaitées (Priller *et al.*, 2006; Davoust *et al.*, 2008b; Wirenfeldt *et al.*, 2011) montrent que le taux de chimérisme ne dépassent pas 85 %, notamment du à la présence de moelle osseuse dans les os du crâne (Furuya *et al.*, 2003). Ce taux, qui est largement nécessaire pour de nombreuses études, ne permet pas ici de discriminer clairement l'activité des cellules microgliales par rapport aux autres CPA. Celui-ci peut être amélioré à près de 95 % si les animaux subissent également une irradiation de la tête. Malheureusement, cette procédure, qui peut engendrer des désordres neuronaux (Mildenberger *et al.*, 1990 ; Monje *et al.*, 2002), induit la migration de cellules myéloïdes périphériques au sein du SNC (Furuya *et al.*, 2003; Simard & Rivest, 2004a).

Notre protocole d'irradiation de 16 Gy de l'ensemble du corps sauf la tête, permet d'éliminer l'ensemble des cellules immunitaires (CD45$^+$) au niveau de la moelle osseuse, et plus de 80 % au niveau de la rate et des ganglions lymphatiques cervicaux. Les 20 % de cellules périphériques restantes, étant affectées par l'irradiation, sont incapables de présentation antigénique croisée en périphérie. Cependant, cette irradiation n'affecte ni le nombre, ni l'état d'activation des cellules microgliales, caractérisées par la faible expression du CMH cl II, du CD80 et du CD86. Nos résultats montrent également que la population CD45^{fort} détecté dans un cerveau de souris non-irradiées, correspondant au CPA associées au SNC, n'est plus détectable après notre protocole d'irradiation.

La capacité de présentation antigénique croisée des cellules microgliales a alors pu être évaluée *in vivo* dans ce modèle. Nos résultats montrent que, comme attendu, l'injection de l'antigène dans un contexte non-inflammatoire n'entraine pas la prolifération ni l'activation de LT CD8$^+$ naïfs (sécrétion d'IFNγ) par les cellules microgliales. Le CpG-ODN et le GM-CSF ont été décrit comme favorisant l'activation des cellules microgliales (Aloisi, 2001; Re *et al.*, 2002b) et comme pouvant augmenter l'activité de présentation antigénique croisée de la microglie *in vitro* (Beauvillain *et al.*, 2008). Néanmoins, la microglie *in situ* requière plusieurs signaux d'activation pour pouvoir être correctement activées et assumer au mieux ses fonctions de CPA (Townsend *et al.*, 2005; Ponomarev *et al.*, 2006b; Kettenmann *et al.*, 2011). Le sCD40L a été décrit dans le modèle EAE comme étant un facteur nécessaire à l'activation complète de la microglie et comme permettant à ces cellules d'acquérir des fonctions de présentation antigénique optimales (Ponomarev *et al.*, 2006b). Etayant cette idée, nos résultats montrent que l'injection contigu de CpG-ODN, de GM-CSF et de sCD40L induit, d'une part, l'augmentation de l'expression du CD11b, du CMH cl I, et dans une plus faible mesure, du CD80 et, d'autre part, la prolifération et l'activation des LT CD8$^+$ naïfs.

Cette étude montre ainsi que, dans des conditions adéquates, les cellules microgliales sont douées *in vivo* de la capacité de présentation antigénique croisée vis-à-vis d'un antigène soluble et que cette activité peut conduire à la génération de LT CD8$^+$ cytotoxiques. Que cette activité soit également possible vis-à-vis d'antigènes issus de cellules tumorales restait à déterminer.

Les résultats obtenus par Laurent Pineau, autre étudiant en thèse au laboratoire, ont ainsi démontré qu'un antigène modèle (l'ovalbumine) exprimé par des cellules tumorales (E.G7-OVA) rendues mourante suite à l'action d'un agent chimiothérapeutique (BCNU ou carmustine), pouvait *in vitro* être présenté par les cellules microgliales à des LT CD8$^+$ naïfs (issus de souris OT-1) et induire leur activation. Utilisant le modèle de souris aplasiques que j'ai mis au point, nous avons également démontré que les cellules microgliales, stimulées par CpG-ODN, GM-CSF et sCD40L, induisaient la prolifération *in situ* des LT CD8$^+$ naïfs. L'analyse de la sécrétion d'IFNγ et de l'expression du marqueur de dégranulation CD107a a permis de déterminer que les LT CD8$^+$ avaient acquis un profil cytotoxique, excluant donc les phénomènes de « cross-tolerance ».

Actuellement, nous souhaitons déterminer si cette activité de présentation antigénique croisée de la microglie peut conduire à l'initiation d'une réponse anti-tumorale efficace. Pour cela, nous envisageons d'utiliser des souris KO pour la béta microglobuline (β2m$^{-/-}$, présentant donc un défaut au niveau des molécules de CMH I, et pour lesquelles aucune CPA n'est douée de la capacité de présentation antigénique croisée. Des cellules tumorales E.G7 seront implantées dans le parenchyme cérébral de ces souris, puis celles-ci recevront une injection (intracrânienne et/ou en intraveineuse) des cellules microgliales de type sauvage chargées avec l'ovalbumine. Les souris β2m$^{-/-}$ étant également dépourvues de LT CD8$^+$, du fait de l'absence de sélection thymique, des LT CD8$^+$ issus de souris OT-1 (possédant un TCR spécifique à un peptide de l'ovalbumine) seront également injectés. L'induction d'une réponse anti-tumorale pourra être estimée en évaluant le bénéfice de survie ou encore en comparant le volume des tumeurs. L'ensemble de ces résultats font l'objet d'une publication en cours de rédaction.

Ces travaux de recherche démontrent ainsi que les cellules microgliales, qui infiltrent massivement l'environnement tumoral, peuvent constituer une cible intéressante dans les approches immunothérapeutique dirigées contre les tumeurs cérébrales. En effet, des travaux de l'équipe du Dr P. Walker ont montrés que les CPA locales jouaient un rôle important dans le recrutement et le maintient de l'activité des LT CD8[+] dans le cadre d'une tumeur cérébrale (Calzascia *et al.*, 2003a; Masson *et al.*, 2007). L'injection intracrânienne de CD générées et chargées *in vitro* a été évalué et entraine un bénéfice de survie important (jusqu'à 80 % de rejet dans un modèle intracranien de GL261) (Yamanaka *et al.*, 2005; Pellegatta *et al.*, 2010). Une alternative à ce protocole est de stimuler *in situ* les CPA et d'utiliser ainsi le potentiel anti-tumoral des cellules microgliales, mais aussi de toutes les autres CPA pouvant infiltrer la tumeur. La microglie, comme les autres CPA, est sensible à la présence de ligands des TLR et notamment au CpG-ODN (Dalpke *et al.*, 2002a). Après avoir été testé dans des modèles murins de tumeurs cérébrales (Meng *et al.*, 2005; El Andaloussi *et al.*, 2006c ; Grauer *et al.*, 2008b), l'activité anti-tumoral de cet oligodeoxynucléotide a été évalué au cours d'essais clinique de phase I et II dans le traitement de glioblastome (Carpentier *et al.*, 2006b; Carpentier *et al.*, 2010). Les résultats obtenus montrent que 24 % des patients traités survivent à 1 an et 15 % à 5 ans, indiquant que la seule injection de CpG-ODN ne permet pas le rejet systématique de la tumeur. Des travaux tendent à démontrer que l'élimination de facteurs immunosuppresseurs, et notamment des lymphocytes T régulateurs (Treg), est un pré-requis indispensable à la mise en place d'une immunothérapie efficace (El Andaloussi *et al.*, 2006a; Grauer *et al.*, 2007c; Curtin *et al.*, 2008). En effet, les Treg, caractérisés par l'expression des marqueurs CD4, CD25 et le facteur de transcription Foxp3, représentent un frein naturel à l'induction d'une réponse immunitaire (Fecci *et al.*, 2006). Leur élimination via l'injection d'un anticorps anti-CD25, évalué dans des modèles précliniques de tumeurs périphériques et cérébrales, permet d'améliorer la survie des animaux traités (El Andaloussi *et al.*, 2006a; Grauer *et al.*, 2007b; Curtin *et al.*, 2008). De plus, son équivalent humain, le daclizumab, est actuellement évalué pour lutter contre des tumeurs périphériques et son utilisation est associé avec une diminution du nombre de Treg dans les patients traités (Rech & Vonderheide, 2009b; Dietrich *et al.*, 2010).

Dans ce contexte, nous avons souhaité évaluer, grâce à un modèle murin de tumeur cérébrale par implantation stéréotaxique intracrânienne du lymphome E.G7, un protocole d'immunothérapie basée à la fois sur la déplétion des Treg, via l'injection intra-péritonéale d'un anticorps anti-CD25 (clone PC61), afin de lever une voie d'inhibition, mais aussi sur l'injection intracérébrale de CpG-ODN, pour permettre de restimuler *in situ* le système immunitaire.

Nos travaux montrent que la seule injection de CpG-ODN permet à 30 % des animaux de rejeter leur tumeur. Alors que l'efficacité du CpG-ODN a pu être associée par certaines équipes de recherches à l'induction d'une mort par apoptose des cellules tumorales, nous n'observons pas d'effet du CpG-ODN sur la viabilité des cellules tumorales. Nos résultats semblent néanmoins plus en concordance avec les études menées chez l'homme puisque de nombreux travaux réalisés sur des cellules tumorales murines et humaines montrent que ces dernières ne sont pas sensibles à un effet toxique direct (Meng *et al.*, 2008; Alizadeh *et al.*, 2010; Wang *et al.*, 2010; Zhao *et al.*, 2011). Notre étude montre également que l'utilisation seule de l'anticorps anti-CD25 permet d'induire le rejet de la tumeur pour 80 % des souris, soulignant ainsi l'importance d'éliminer des voies d'immunosuppression. Finalement, nos résultats démontrent que ce n'est que lorsque la déplétion des Treg est associé à l'injection intra-tumorale de CpG-ODN que le bénéfice de survie est maximal. Ce traitement permet en effet à l'ensemble des animaux traités de rejeter leur tumeur et induit la présence d'une mémoire immunitaire anti-tumorale permettant à 60 % d'entre eux d'être résistant à une seconde implantation de cellules tumorales.

Le bénéfice de survie observé est associé à la présence de cellules NK, notamment en réponse à l'injection de CpG-ODN. L'activité anti-tumorale des cellules NK, qui est améliorée par une stimulation au CpG-ODN (Prins *et al.*, 2006; Alizadeh *et al.*, 2010), a été décrite comme pouvant être dépendant des mécanismes d'ADCC (« antibody-dependent cell-mediated cytotoxicity ») et donc de l'intervention des LB (Roda *et al.*, 2005). Par ailleurs, l'élimination des Treg peut favoriser le développement de cellules NK "hyperactives", caractérisées par une forte sécrétion d'IFNγ et une activité anti-tumorale importante (Kottke *et al.*, 2008b). Afin d'évaluer l'importance des cellules NK dans le rejet tumorale, nous avons établi un modèle de souris déplétées en celles-ci. L'utilisation de souris "beige", qui présente une déficience en cellules NK, n'a pas été souhaitée du fait que ces souris présentent aussi une déficience pour les mécanismes cytotoxiques des LT CD8[+]. Le modèle de souris utilisé est basé sur l'injection d'un anticorps anti-NK1.1 (clone PK136), et présente une réduction de près de 80 % en cellules NK par rapport à une souris de type "sauvage". Grâce à ce modèle, nous avons observé que seuls 40 % des animaux traités par l'anticorps anti-CD25 et le CpG-ODN étaient encore en mesure de rejeter leur tumeur s'il y avait une déficience en cellule NK. Par ailleurs, il n'est pas possible d'exclure que les 40 % de survie observée soient en partie du aux cellules NK non-éliminées.

Ces travaux permettent ainsi d'envisager un ensemble de mécanismes immunitaire pouvant expliquer le rejet de notre tumeur cérébrale (Fig 17).

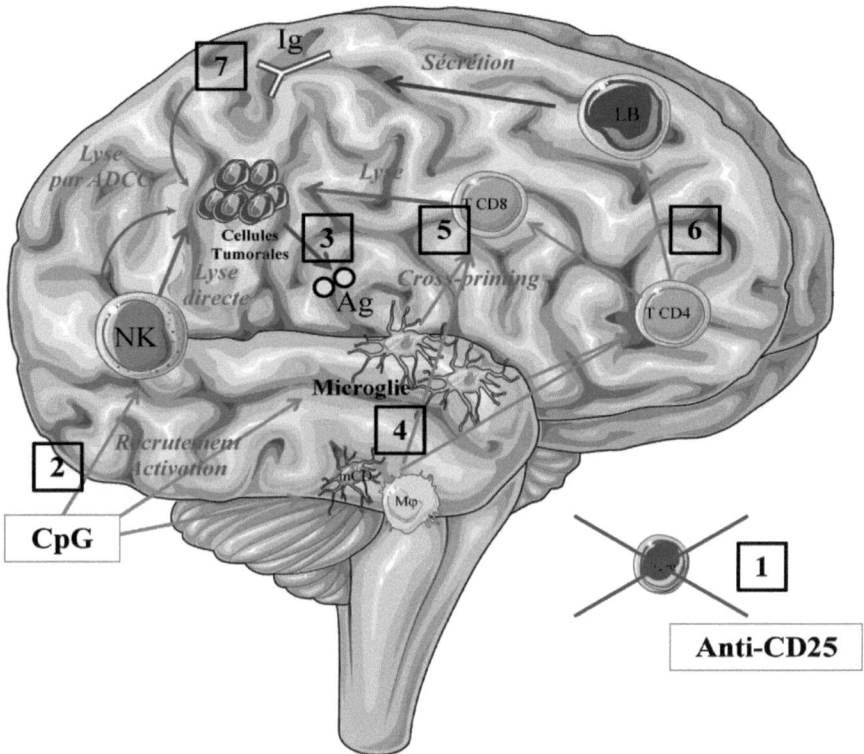

Figure 17 : Schéma hypothétique des mécanismes cellulaires impliqués dans le rejet tumoral dans le modèle de tumeur cérébrale E.G7 traitée par injection d'anti-CD25 et de CpG-ODN

Légende : [1] Mise en évidence de l'importance des Treg dans l'échappement tumoral, par élimination de ces cellules par injection d'un anticorps anti-CD25 ; [2] Activation des cellules NK, des cellules microgliales et des CPA périphériques et/ou associées au SNC, par l'injection de CpG-ODN ; [3] La lyse des cellules tumorales entraîne la libération d'antigène (s) ; [4] Les antigènes tumoraux sont pris en charge par les CPA ; [5] Activation des LT CD8[+], participant à la lyse des cellules tumorales, grâce à l'activité de présentation antigénique croisée des cellules microgliales et des autres CPA ; [6] Les LT CD4[+], qui favorisent l'activation des LT CD8[+], permet aux LB de se différencier en plasmocytes sécréteurs d'immunoglobulines dirigées contre les cellules tumorales ; [7] Les immunoglobulines présentes contribuent à l'élimination de la tumeur notamment en permettant les mécanismes d'ADCC des cellules NK

En absence des Treg qui sont éliminés suite à l'injection d'un anticorps anti-CD25 [1], le CpG-ODN va induire un fort recrutement de cellules NK [2], qui sont des cellules cytotoxiques spécialisées. Celles-ci vont ainsi pouvoir lyser les cellules tumorales, permettant donc la libération à la fois de signaux de dangers favorisant l'activation du système immunitaire (e.g. HMGB1), et d'antigènes tumoraux [3]. Dès lors, ces antigènes peuvent être pris en charge par les CPA présent localement, telles que les cellules microgliales et les CD que nous détectons dans les souris ayant reçu une injection de CpG-ODN (avec ou sans déplétion des Treg) [4]. Dès lors, les CPA locales et notamment des cellules microgliales, n'étant pas soumises à l'immunosuppression due aux Treg, vont pouvoir efficacement induire l'activation des LT CD4$^+$ et CD8$^+$ via les mécanismes de présentation antigénique croisée et conventionnelle [5-6]. L'activation des LTCD8$^+$ cytotoxique, renforcée par la présence des LTCD4$^+$ va permettre l'élimination de la tumeur ainsi que la mise en place d'une mémoire immunitaire prévenant des récidives. Par ailleurs, les LTCD4$^+$ vont également favoriser l'activation des LB qui, après différenciation en plasmocytes, vont sécréter des immunoglobulines dirigées contre les cellules tumorales [6]. Ces immunoglobulines concourent à l'élimination des cellules tumorales en permettant aux cellules NK d'agir par d'ADCC (« antibody-dependent cell-mediated cytotoxicity ») [7]. Finalement, l'ensemble de ces mécanismes conduisent d'une part au rejet de la tumeur et, d'autre part, à la mise en place d'une mémoire immunitaire prévenant des récidives, pour la majorité des animaux.

Ce travail démontrant l'intérêt majeur d'un protocole basé sur la déplétion des Treg et sur l'injection de CpG-ODN dans le cadre des lymphomes cérébraux, nous avons ensuite souhaités, en collaboration avec Laurent Pineau, évaluer l'efficacité curative de ce traitement sur un modèle de gliome. Ce modèle repose sur l'implantation intracrânienne de cellules GL261 (modèle de référence des gliomes chez la souris C57Bl/6). Ainsi, après avoir mis au point les modalités temporelles d'application du traitement, nous avons pu observer que, dans les meilleures conditions (injection de l'anticorps anti-CD25 et du CpG-ODN respectivement 2 et 12 jours après implantation de la tumeur) le taux de survie des animaux est de 20 %. Afin de mieux comprendre quels facteurs cellulaires et moléculaires peuvent expliquer ce taux de survie modeste, nous analysons actuellement à la fois l'infiltrat immunitaire par cytométrie en flux et l'environnement cytokinique par PCR quantitative.

Il est possible que dans le cadre du gliome GL261 l'immunosuppression soit plus importante que lors du développement lymphome E.G7, puisque le traitement est appliqué après que la tumeur ait eu le temps de croitre. Ainsi, il peut être intéressant d'améliorer le protocole de dépletion des Treg. Malgré l'efficacité certaine que présente l'anticorps anti-CD25 dans l'élimination des Treg, celui-ci peut tout de même avoir des effets secondaires délétères, notamment en éliminant les LT CD4 et CD8 effecteurs. D'autres stratégies basé sur l'utilisation d'anticorps déplétant ont également été évaluées, tels que les anticorps anti CTLA4. Malheureusement, ces marqueurs membranaires n'étant pas spécifiques aux Treg, l'ensemble de ces stratégies présentent les mêmes inconvénients que ceux obtenus avec l'utilisation du PC61. Le marqueur LAG-3 (« lymphocyte activation gene-3, ou CD223), qui a été décrit comme étant spécifique au Treg, n'est néanmoins présent que sur une sous-population de Treg et uniquement chez la souris (Elkord *et al.*, 2010). De ce fait, il ne semble pas être approprié d'utiliser ce marqueur pour rendre compte des pathologies humaines.

Une alternative thérapeutique alors envisagée serait de cibler les mécanismes de migration lymphocytaire, et plus précisément le récepteur CCR4 ou ses ligands (e.g. CCL2, CCL22). En effet, il a été montré, d'une part que le récepteur CCR4 est fortement exprimé par les Treg et faiblement par les LT $CD4^+$ et $CD8^+$, et d'autre part, que la chémokine CCL22 est fortement produite par les glioblastome (Jacobs *et al.*, 2010). Ainsi, le fait d'inhiber le récepteur ou alors la chémokine *in vivo* pourrait limiter l'infiltration des Treg au sein de la tumeur sans affecter pour autant la venu des LT effecteurs. Cette approche a été testée par l'équipe du Dr Eric Tartour (U970) dans un modèle de tumeur périphérique du colon en utilisant un inhibiteur de CCR4. Les résultats obtenus dans cette étude montrent un effet bénéfique sur l'induction de LT effecteurs, associé à un retard de croissance tumoral supérieur à celui obtenu avec un anticorps anti-CD25 (Pere *et al.*, 2011). Il serait ainsi intéressant d'évaluer cette approche dans le traitement d'une tumeur cérébrale.

Une autre voie d'immunosuppression cellulaire impliquée dans les mécanismes d'échappements tumoraux concerne la présence des cellules myéloïdes immonosuppressives que sont les MDSC (« myeloide-derived immunosuppressive cells ») et les TAM (« tumor associated macrophages »). Contrairement aux Treg, les mécanismes d'action de ces cellules restent mal connus dans le contexte des tumeurs cérébrales. Les MDSCs représentent une population très hétérogène d'origine myéloïde qui possède un phénotype général $CD11b^+$ Grl^+, mais de nombreux autres marqueurs semblent les classifier en sous-populations (Gabrilovich and Nagaraj, 2009). Elles sont retrouvées généralement inactives au sein de la moelle osseuse ou dans la rate mais lors de l'apparition d'une tumeur, ces cellules s'accumulent dans les organes lymphoïdes et dans l'environnement tumoral en réponse à des signaux émis par la tumeur. Les TAM, qui semblent attirés sélectivement par un certain nombre de facteurs sécrétés par la tumeur (e.g. M-CSF, VEGF, CCL2), ont été décrit comme pouvant dériver de MDSC et de monocytes sanguins. Dans le cadre des tumeurs cérébrales, il est suspecté que les cellules microgliales, qui présentent une grande plasticité, puissent être une source supplémentaire de ces TAM. Actuellement, une étudiante du laboratoire évalue l'effet de plusieurs molécules immunosuppressive sur le phénotype des cellules microgliales. Les TAM présentent un phénotype IL-10^{fort}, IL-12^{faible} et peuvent être décrits et caractérisés par une forte production de facteurs pro-tumoraux (e.g. EGF, IL-6, VEGF, TGFβ, MMP, CCL17), contribuant ainsi à la progression de la tumeur et à son évasion vis-à-vis du système immunitaire. Contrairement aux macrophages de type 1 (M1), macrophages pro-inflammatoires caractérisés par leur phénotype IL-12/23^{fort} - IL-10^{faible}, les TAMs possèdent un phénotype IL-12/23^{faible} - IL-10^{fort} proche de celui des macrophages anti-inflammatoires de type 2 (M2) dits « alternatifs » (Gordon, 2003), dont il existe plusieurs sous-populations selon les stimulations qui les ont générés (M2a, b, c et d) (Mantovani et al, 2002, 2004 ; Duluc et al, 2007).

En analysant par cytométrie en flux les cellules immunitaires présentes au sein du SNC lors du développement d'une tumeur (modèle de tumeur intracrânienne GL261), une étudiante du laboratoire (Mélanie Perpoil) a observé que le développement tumoral est associé à l'augmentation de la fréquence des MDSC et des TAM. Considérant ces résultats, il semble intéressant d'évaluer d'une part le bénéfice de survie pouvant être obtenu si nous éliminons ces cellules et, d'autre part, si cela ne peut pas avoir un effet synergique avec la déplétion des Treg. Pour cela, nous avons notamment envisagé d'utiliser un anticorps anti-Gr1 qui a été testé dans un modèle préclinique de tumeur périphérique et qui permettait alors d'augmenter la survie des animaux (Li *et al.*, 2009).

Nos résultats précédents montrent également que, même s'il n'y a pas d'environnement immunosuppresseur instauré par la présence de cellules tumorales, l'activité de présentation antigénique croisée des cellules microgliales est réellement efficace que lorsque ces cellules sont soumises à une forte stimulation. De ce fait, il est possible que la seule utilisation du CpG-ODN en tant qu'adjuvant, ne soit pas suffisante pour permettre la mise en place d'une réponse immunitaire. Ainsi, pour pouvoir exploiter au mieux l'activité de présentation antigénique croisée des cellules microgliales, nous souhaitons évaluer l'efficacité d'un protocole thérapeutique basé sur l'injection à la fois de CpG-ODN, de GM-CSF et de sCD40L. Cette stimulation sera apportée seule ou en combinaison avec la déplétion des Treg.

Enfin, il semble intéressant de considérer les approches d'immunothérapie comme étant des armes supplémentaires pour lutter contre les cancers telles que les tumeurs cérébrales, et non pas comme une alternative. Ainsi, nous pouvons imaginer qu'alors qu'une exérèse permet d'éliminer le plus gros de la masse tumorale, un traitement par chimio- et/ou radiothérapie permette d'éliminer des cellules tumorales restantes tout en favorisant la libération d'antigènes tumoraux. Dès lors, un traitement immunothérapeutique par élimination des voies d'immunosuppression et par stimulation locale des CPA, pourrait induire un environnement favorable au développement d'une réponse immunitaire spécifique permettant d'éliminer toute les cellules tumorale, même si celles-ci ont infiltrées le tissu sain, et l'instauration d'une mémoire immunitaire anti-tumorale prévenant des récidives.

REFERENCES BIBLIOGRAPHIQUE

Aarum, J., Sandberg, K., Haeberlein, S.L. & Persson, M.A. (2003) Migration and differentiation of neural precursor cells can be directed by microglia. *Proc Natl Acad Sci U S A*, **100**, 15983-15988.

Abounader, R. & Laterra, J. (2005) Scatter factor/hepatocyte growth factor in brain tumor growth and angiogenesis. *Neuro Oncol*, **7**, 436-451.

Abreu, M.T., Vora, P., Faure, E., Thomas, L.S., Arnold, E.T. & Arditi, M. (2001) Decreased expression of Toll-like receptor-4 and MD-2 correlates with intestinal epithelial cell protection against dysregulated proinflammatory gene expression in response to bacterial lipopolysaccharide. *J Immunol*, **167**, 1609-1616.

Adida, C., Berrebi, D., Peuchmaur, M., Reyes-Mugica, M. & Altieri, D.C. (1998) Anti-apoptosis gene, survivin, and prognosis of neuroblastoma. *Lancet*, **351**, 882-883.

Affronti, M.L., Heery, C.R., Herndon, J.E., 2nd, Rich, J.N., Reardon, D.A., Desjardins, A., Vredenburgh, J.J., Friedman, A.H., Bigner, D.D. & Friedman, H.S. (2009) Overall survival of newly diagnosed glioblastoma patients receiving carmustine wafers followed by radiation and concurrent temozolomide plus rotational multiagent chemotherapy. *Cancer*, **115**, 3501-3511.

Akira, S. (2003) Mammalian Toll-like receptors. *Current opinion in immunology*, **15**, 5-11.

Akira, S. (2004) Toll receptor families: structure and function. *Semin Immunol*, **16**, 1-2.

Akira, S. & Takeda, K. (2004) Toll-like receptor signalling. *Nat Rev Immunol*, **4**, 499-511.

Akira, S., Takeda, K. & Kaisho, T. (2001) Toll-like receptors: critical proteins linking innate and acquired immunity. *Nat Immunol*, **2**, 675-680.

Alarcon, R., Fuenzalida, C., Santibanez, M. & von Bernhardi, R. (2005) Expression of scavenger receptors in glial cells. Comparing the adhesion of astrocytes and microglia from neonatal rats to surface-bound beta-amyloid. *J Biol Chem*, **280**, 30406-30415.

Alizadeh, D., Zhang, L., Brown, C.E., Farrukh, O., Jensen, M.C. & Badie, B. (2010) Induction of anti-glioma natural killer cell response following multiple low-dose intracerebral CpG therapy. *Clinical cancer research : an official journal of the American Association for Cancer Research*, **16**, 3399-3408.

Allan, S.E., Passerini, L., Bacchetta, R., Crellin, N., Dai, M., Orban, P.C., Ziegler, S.F., Roncarolo, M.G. & Levings, M.K. (2005) The role of 2 FOXP3 isoforms in the generation of human CD4+ Tregs. *J Clin Invest*, **115**, 3276-3284.

Allavena, P., Sica, A., Garlanda, C. & Mantovani, A. (2008a) The Yin-Yang of tumor-associated macrophages in neoplastic progression and immune surveillance. *Immunol Rev*, **222**, 155-161.

Allavena, P., Sica, A., Solinas, G., Porta, C. & Mantovani, A. (2008b) The inflammatory micro-environment in tumor progression: the role of tumor-associated macrophages. *Crit Rev Oncol Hematol*, **66**, 1-9.

Alliot, F., Godin, I. & Pessac, B. (1999) Microglia derive from progenitors, originating from the yolk sac, and which proliferate in the brain. *Brain Res Dev Brain Res*, **117**, 145-152.

Alliot, F., Lecain, E., Grima, B. & Pessac, B. (1991) Microglial progenitors with a high proliferative potential in the embryonic and adult mouse brain. *Proc Natl Acad Sci U S A*, **88**, 1541-1545.

Almolda, B., Gonzalez, B. & Castellano, B. (2010) Activated microglial cells acquire an immature dendritic cell phenotype and may terminate the immune response in an acute model of EAE. *Journal of neuroimmunology*, **223**, 39-54.

Aloisi, F. (2001) Immune function of microglia. *Glia*, **36**, 165-179.

Aloisi, F., De Simone, R., Columba-Cabezas, S. & Levi, G. (1999) Opposite effects of interferon-gamma and prostaglandin E2 on tumor necrosis factor and interleukin-10 production in microglia: a regulatory loop controlling microglia pro- and anti-inflammatory activities. *J Neurosci Res*, **56**, 571-580.

Aloisi, F., De Simone, R., Columba-Cabezas, S., Penna, G. & Adorini, L. (2000a) Functional maturation of adult mouse resting microglia into an APC is promoted by granulocyte-macrophage colony-stimulating factor and interaction with Th1 cells. *J Immunol*, **164**, 1705-1712.

Aloisi, F., Penna, G., Cerase, J., Menendez Iglesias, B. & Adorini, L. (1997) IL-12 production by central nervous system microglia is inhibited by astrocytes. *J Immunol*, **159**, 1604-1612.

132

Aloisi, F., Ria, F. & Adorini, L. (2000b) Regulation of T-cell responses by CNS antigen-presenting cells: different roles for microglia and astrocytes. *Immunol Today*, **21**, 141-147.

Aloisi, F., Ria, F., Penna, G. & Adorini, L. (1998a) Microglia are more efficient than astrocytes in antigen processing and in Th1 but not Th2 cell activation. *J Immunol*, **160**, 4671-4680.

Aloisi, F., Ria, F., Penna, G. & Adorini, L. (1998b) Microglia are more efficient than astrocytes in antigen processing and in Th1 but not Th2 cell activation. *J Immunol*, **160**, 4671-4680.

Ambrosini, E. & Aloisi, F. (2004) Chemokines and glial cells: a complex network in the central nervous system. *Neurochem Res*, **29**, 1017-1038.

Amigorena, S. & Bonnerot, C. (1999) Fc receptor signaling and trafficking: a connection for antigen processing. *Immunol Rev*, **172**, 279-284.

Amigorena, S. & Savina, A. (2010) Intracellular mechanisms of antigen cross presentation in dendritic cells. *Curr Opin Immunol*, **22**, 109-117.

Annacker, O., Asseman, C., Read, S. & Powrie, F. (2003) Interleukin-10 in the regulation of T cell-induced colitis. *J Autoimmun*, **20**, 277-279.

Annacker, O., Pimenta-Araujo, R., Burlen-Defranoux, O. & Bandeira, A. (2001a) On the ontogeny and physiology of regulatory T cells. *Immunol Rev*, **182**, 5-17.

Annacker, O., Pimenta-Araujo, R., Burlen-Defranoux, O., Barbosa, T.C., Cumano, A. & Bandeira, A. (2001b) CD25+ CD4+ T cells regulate the expansion of peripheral CD4 T cells through the production of IL-10. *J Immunol*, **166**, 3008-3018.

Antonelli-Orlidge, A., Saunders, K.B., Smith, S.R. & D'Amore, P.A. (1989) An activated form of transforming growth factor beta is produced by cocultures of endothelial cells and pericytes. *Proc Natl Acad Sci U S A*, **86**, 4544-4548.

Apostolou, I. & von Boehmer, H. (2004) In vivo instruction of suppressor commitment in naive T cells. *J Exp Med*, **199**, 1401-1408.

Archambault, A.S., Sim, J., Gimenez, M.A. & Russell, J.H. (2005) Defining antigen-dependent stages of T cell migration from the blood to the central nervous system parenchyma. *Eur J Immunol*, **35**, 1076-1085.

Arifin, D.Y., Lee, K.Y. & Wang, C.H. (2009) Chemotherapeutic drug transport to brain tumor. *J Control Release*, **137**, 203-210.

Askew, D., Havenith, C.E. & Walker, W.S. (1996) Heterogeneity of mouse brain macrophages in alloantigen presentation to naive CD8+ T cells as revealed by a panel of microglial cell lines. *Immunobiology*, **195**, 417-430.

Assoian, R.K., Komoriya, A., Meyers, C.A., Miller, D.M. & Sporn, M.B. (1983) Transforming growth factor-beta in human platelets. Identification of a major storage site, purification, and characterization. *J Biol Chem*, **258**, 7155-7160.

Awasaki, T. & Ito, K. (2004) Engulfing action of glial cells is required for programmed axon pruning during Drosophila metamorphosis. *Curr Biol*, **14**, 668-677.

Awasaki, T., Tatsumi, R., Takahashi, K., Arai, K., Nakanishi, Y., Ueda, R. & Ito, K. (2006) Essential role of the apoptotic cell engulfment genes draper and ced-6 in programmed axon pruning during Drosophila metamorphosis. *Neuron*, **50**, 855-867.

Azuma, T., Takahashi, T., Kunisato, A., Kitamura, T. & Hirai, H. (2003) Human CD4+ CD25+ regulatory T cells suppress NKT cell functions. *Cancer Res*, **63**, 4516-4520.

Baas, D., Prufer, K., Ittel, M.E., Kuchler-Bopp, S., Labourdette, G., Sarlieve, L.L. & Brachet, P. (2000) Rat oligodendrocytes express the vitamin D(3) receptor and respond to 1,25-dihydroxyvitamin D(3). *Glia*, **31**, 59-68.

Badie, B. & Schartner, J. (2001a) Role of microglia in glioma biology. *Microsc Res Tech*, **54**, 106-113.

Badie, B. & Schartner, J. (2001b) Role of microglia in glioma biology. *Microscopy research and technique*, **54**, 106-113.

Badie, B., Schartner, J., Klaver, J. & Vorpahl, J. (1999) In vitro modulation of microglia motility by glioma cells is mediated by hepatocyte growth factor/scatter factor. *Neurosurgery*, **44**, 1077-1082; discussion 1082-1073.

Badie, B., Schartner, J., Vorpahl, J. & Preston, K. (2000) Interferon-gamma induces apoptosis and augments the expression of Fas and Fas ligand by microglia in vitro. *Exp Neurol*, **162**, 290-296.

Bailey, S.L., Carpentier, P.A., McMahon, E.J., Begolka, W.S. & Miller, S.D. (2006a) Innate and adaptive immune responses of the central nervous system. *Critical reviews in immunology*, **26**, 149-188.

Bailey, S.L., Carpentier, P.A., McMahon, E.J., Begolka, W.S. & Miller, S.D. (2006b) Innate and adaptive immune responses of the central nervous system. *Crit Rev Immunol*, **26**, 149-188.

Ballabh, P., Braun, A. & Nedergaard, M. (2004) The blood-brain barrier: an overview: structure, regulation, and clinical implications. *Neurobiol Dis*, **16**, 1-13.

Ballas, Z.K. (2007) Modulation of NK cell activity by CpG oligodeoxynucleotides. *Immunologic research*, **39**, 15-21.

Banchereau, J., Briere, F., Caux, C., Davoust, J., Lebecque, S., Liu, Y.J., Pulendran, B. & Palucka, K. (2000) Immunobiology of dendritic cells. *Annu Rev Immunol*, **18**, 767-811.

Banchereau, J. & Steinman, R.M. (1998) Dendritic cells and the control of immunity. *Nature*, **392**, 245-252.

Bankiewicz, K.S., Eberling, J.L., Kohutnicka, M., Jagust, W., Pivirotto, P., Bringas, J., Cunningham, J., Budinger, T.F. & Harvey-White, J. (2000) Convection-enhanced delivery of AAV vector in parkinsonian monkeys; in vivo detection of gene expression and restoration of dopaminergic function using pro-drug approach. *Exp Neurol*, **164**, 2-14.

Baratelli, F., Lin, Y., Zhu, L., Yang, S.C., Heuze-Vourc'h, N., Zeng, G., Reckamp, K., Dohadwala, M., Sharma, S. & Dubinett, S.M. (2005) Prostaglandin E2 induces FOXP3 gene expression and T regulatory cell function in human CD4+ T cells. *J Immunol*, **175**, 1483-1490.

Bardel, E., Larousserie, F., Charlot-Rabiega, P., Coulomb-L'Hermine, A. & Devergne, O. (2008) Human CD4+ CD25+ Foxp3+ regulatory T cells do not constitutively express IL-35. *J Immunol*, **181**, 6898-6905.

Barker, C.F. & Billingham, R.E. (1977) Immunologically privileged sites. *Adv Immunol*, **25**, 1-54.

Barton, G.M. & Kagan, J.C. (2009) A cell biological view of Toll-like receptor function: regulation through compartmentalization. *Nat Rev Immunol*, **9**, 535-542.

Basu, A., Krady, J.K., O'Malley, M., Styren, S.D., DeKosky, S.T. & Levison, S.W. (2002) The type 1 interleukin-1 receptor is essential for the efficient

activation of microglia and the induction of multiple proinflammatory mediators in response to brain injury. *J Neurosci*, **22**, 6071-6082.

Batchelor, P.E., Liberatore, G.T., Wong, J.Y., Porritt, M.J., Frerichs, F., Donnan, G.A. & Howells, D.W. (1999) Activated macrophages and microglia induce dopaminergic sprouting in the injured striatum and express brain-derived neurotrophic factor and glial cell line-derived neurotrophic factor. *J Neurosci*, **19**, 1708-1716.

Batchelor, T.T., Sorensen, A.G., di Tomaso, E., Zhang, W.T., Duda, D.G., Cohen, K.S., Kozak, K.R., Cahill, D.P., Chen, P.J., Zhu, M., Ancukiewicz, M., Mrugala, M.M., Plotkin, S., Drappatz, J., Louis, D.N., Ivy, P., Scadden, D.T., Benner, T., Loeffler, J.S., Wen, P.Y. & Jain, R.K. (2007) AZD2171, a pan-VEGF receptor tyrosine kinase inhibitor, normalizes tumor vasculature and alleviates edema in glioblastoma patients. *Cancer Cell*, **11**, 83-95.

Beauvillain, C., Delneste, Y., Scotet, M., Peres, A., Gascan, H., Guermonprez, P., Barnaba, V. & Jeannin, P. (2007) Neutrophils efficiently cross-prime naive T cells in vivo. *Blood*, **110**, 2965-2973.

Beauvillain, C., Donnou, S., Jarry, U., Scotet, M., Gascan, H., Delneste, Y., Guermonprez, P., Jeannin, P. & Couez, D. (2008) Neonatal and adult microglia cross-present exogenous antigens. *Glia*, **56**, 69-77.

Becher, B., Prat, A. & Antel, J.P. (2000) Brain-immune connection: immuno-regulatory properties of CNS-resident cells. *Glia*, **29**, 293-304.

Bechmann, I., Mor, G., Nilsen, J., Eliza, M., Nitsch, R. & Naftolin, F. (1999) FasL (CD95L, ApoIL) is expressed in the normal rat and human brain: evidence for the existence of an immunological brain barrier. *Glia*, **27**, 62-74.

Bechmann, I., Steiner, B., Gimsa, U., Mor, G., Wolf, S., Beyer, M., Nitsch, R. & Zipp, F. (2002) Astrocyte-induced T cell elimination is CD95 ligand dependent. *J Neuroimmunol*, **132**, 60-65.

Beers, D.R., Henkel, J.S., Xiao, Q., Zhao, W., Wang, J., Yen, A.A., Siklos, L., McKercher, S.R. & Appel, S.H. (2006) Wild-type microglia extend survival in PU.1 knockout mice with familial amyotrophic lateral sclerosis. *Proc Natl Acad Sci U S A*, **103**, 16021-16026.

Bekeredjian-Ding, I., Schafer, M., Hartmann, E., Pries, R., Parcina, M., Schneider, P., Giese, T., Endres, S., Wollenberg, B. & Hartmann, G. (2009) Tumour-derived prostaglandin E and transforming growth factor-beta synergize to inhibit plasmacytoid dendritic cell-derived interferon-alpha. *Immunology*, **128**, 439-450.

Bellavance, M.A., Poirier, M.B. & Fortin, D. (2010) Uptake and intracellular release kinetics of liposome formulations in glioma cells. *Int J Pharm*, **395**, 251-259.

Belli, F., Testori, A., Rivoltini, L., Maio, M., Andreola, G., Sertoli, M.R., Gallino, G., Piris, A., Cattelan, A., Lazzari, I., Carrabba, M., Scita, G., Santantonio, C., Pilla, L., Tragni, G., Lombardo, C., Arienti, F., Marchiano, A., Queirolo, P., Bertolini, F., Cova, A., Lamaj, E., Ascani, L., Camerini, R., Corsi, M., Cascinelli, N., Lewis, J.J., Srivastava, P. & Parmiani, G. (2002) Vaccination of metastatic melanoma patients with autologous tumor-derived heat shock protein gp96-peptide complexes: clinical and immunologic findings. *J Clin Oncol*, **20**, 4169-4180.

Ben Achour, S. & Pascual, O. (2010) Glia: the many ways to modulate synaptic plasticity. *Neurochem Int*, **57**, 440-445.

Bertolotto, A., Agresti, C., Castello, A., Manzardo, E. & Riccio, A. (1998) 5D4 keratan sulfate epitope identifies a subset of ramified microglia in normal central nervous system parenchyma. *J Neuroimmunol*, **85**, 69-77.

Bethea, J.R. & Dietrich, W.D. (2002) Targeting the host inflammatory response in traumatic spinal cord injury. *Curr Opin Neurol*, **15**, 355-360.

Bettelli, E., Das, M.P., Howard, E.D., Weiner, H.L., Sobel, R.A. & Kuchroo, V.K. (1998) IL-10 is critical in the regulation of autoimmune encephalomyelitis as demonstrated by studies of IL-10- and IL-4-deficient and transgenic mice. *J Immunol*, **161**, 3299-3306.

Beutler, B., Jiang, Z., Georgel, P., Crozat, K., Croker, B., Rutschmann, S., Du, X. & Hoebe, K. (2006) Genetic analysis of host resistance: Toll-like receptor signaling and immunity at large. *Annu Rev Immunol*, **24**, 353-389.

Bierie, B. & Moses, H.L. (2006) TGF-beta and cancer. *Cytokine Growth Factor Rev*, **17**, 29-40.

Blaese, R.M., Culver, K.W., Miller, A.D., Carter, C.S., Fleisher, T., Clerici, M., Shearer, G., Chang, L., Chiang, Y., Tolstoshev, P., Greenblatt, J.J., Rosenberg, S.A., Klein, H., Berger, M., Mullen, C.A., Ramsey, W.J., Muul, L., Morgan, R.A. & Anderson, W.F. (1995) T lymphocyte-directed gene therapy for ADA- SCID: initial trial results after 4 years. *Science*, **270**, 475-480.

Blanco, P., Palucka, A.K., Pascual, V. & Banchereau, J. (2008) Dendritic cells and cytokines in human inflammatory and autoimmune diseases. *Cytokine Growth Factor Rev*, **19**, 41-52.

Blank, C., Gajewski, T.F. & Mackensen, A. (2005) Interaction of PD-L1 on tumor cells with PD-1 on tumor-specific T cells as a mechanism of immune evasion: implications for tumor immunotherapy. *Cancer Immunol Immunother*, **54**, 307-314.

Blattman, J.N. & Greenberg, P.D. (2004) Cancer immunotherapy: a treatment for the masses. *Science*, **305**, 200-205.

Bobo, R.H., Laske, D.W., Akbasak, A., Morrison, P.F., Dedrick, R.L. & Oldfield, E.H. (1994) Convection-enhanced delivery of macromolecules in the brain. *Proc Natl Acad Sci U S A*, **91**, 2076-2080.

Bode, C., Zhao, G., Steinhagen, F., Kinjo, T. & Klinman, D.M. (2011) CpG DNA as a vaccine adjuvant. *Expert Rev Vaccines*, **10**, 499-511.

Boldin, M.P., Goncharov, T.M., Goltsev, Y.V. & Wallach, D. (1996) Involvement of MACH, a novel MORT1/FADD-interacting protease, in Fas/APO-1- and TNF receptor-induced cell death. *Cell*, **85**, 803-815.

Bolhassani, A. & Rafati, S. (2008) Heat-shock proteins as powerful weapons in vaccine development. *Expert Rev Vaccines*, **7**, 1185-1199.

Bottner, M., Krieglstein, K. & Unsicker, K. (2000) The transforming growth factor-betas: structure, signaling, and roles in nervous system development and functions. *J Neurochem*, **75**, 2227-2240.

Bouaziz, J.D., Yanaba, K. & Tedder, T.F. (2008) Regulatory B cells as inhibitors of immune responses and inflammation. *Immunological reviews*, **224**, 201-214.

Brastianos, P.K. & Batchelor, T.T. (2010) Vascular endothelial growth factor inhibitors in malignant gliomas. *Target Oncol*, **5**, 167-174.

Brem, H., Tamargo, R.J., Olivi, A., Pinn, M., Weingart, J.D., Wharam, M. & Epstein, J.I. (1994) Biodegradable polymers for controlled delivery of chemotherapy with and without radiation therapy in the monkey brain. *J Neurosurg*, **80**, 283-290.

Broadie, K. (2004) Axon pruning: an active role for glial cells. *Curr Biol*, **14**, R302-304.

Broderick, C., Hoek, R.M., Forrester, J.V., Liversidge, J., Sedgwick, J.D. & Dick, A.D. (2002) Constitutive retinal CD200 expression regulates resident microglia and activation state of inflammatory cells during experimental autoimmune uveoretinitis. *Am J Pathol*, **161**, 1669-1677.

Brummel, R. & Lenert, P. (2005) Activation of marginal zone B cells from lupus mice with type A(D) CpG-oligodeoxynucleotides. *J Immunol*, **174**, 2429-2434.

Brunner, T., Mogil, R.J., LaFace, D., Yoo, N.J., Mahboubi, A., Echeverri, F., Martin, S.J., Force, W.R., Lynch, D.H., Ware, C.F. & et al. (1995) Cell-autonomous Fas (CD95)/Fas-ligand interaction mediates activation-induced apoptosis in T-cell hybridomas. *Nature*, **373**, 441-444.

Bsibsi, M., Ravid, R., Gveric, D. & van Noort, J.M. (2002) Broad expression of Toll-like receptors in the human central nervous system. *J Neuropathol Exp Neurol*, **61**, 1013-1021.

Buckner, J.C., Brown, P.D., O'Neill, B.P., Meyer, F.B., Wetmore, C.J. & Uhm, J.H. (2007) Central nervous system tumors. *Mayo Clinic proceedings*, **82**, 1271-1286.

Burdin, N., Rousset, F. & Banchereau, J. (1997) B-cell-derived IL-10: production and function. *Methods*, **11**, 98-111.

Byrne, S.N., Knox, M.C. & Halliday, G.M. (2008) TGFbeta is responsible for skin tumour infiltration by macrophages enabling the tumours to escape immune destruction. *Immunol Cell Biol*, **86**, 92-97.

Cacci, E., Claasen, J.H. & Kokaia, Z. (2005) Microglia-derived tumor necrosis factor-alpha exaggerates death of newborn hippocampal progenitor cells in vitro. *J Neurosci Res*, **80**, 789-797.

Calzascia, T., Di Berardino-Besson, W., Wilmotte, R., Masson, F., de Tribolet, N., Dietrich, P.Y. & Walker, P.R. (2003a) Cutting edge: cross-presentation as a mechanism for efficient recruitment of tumor-specific CTL to the brain. *J Immunol*, **171**, 2187-2191.

Calzascia, T., Di Berardino-Besson, W., Wilmotte, R., Masson, F., de Tribolet, N., Dietrich, P.Y. & Walker, P.R. (2003b) Cutting edge: cross-presentation as a mechanism for efficient recruitment of tumor-specific CTL to the brain. *Journal of immunology*, **171**, 2187-2191.

Calzascia, T., Masson, F., Di Berardino-Besson, W., Contassot, E., Wilmotte, R., Aurrand-Lions, M., Ruegg, C., Dietrich, P.Y. & Walker, P.R. (2005) Homing phenotypes of tumor-specific CD8 T cells are predetermined at the tumor site by crosspresenting APCs. *Immunity*, **22**, 175-184.

Cambi, A., Koopman, M. & Figdor, C.G. (2005) How C-type lectins detect pathogens. *Cell Microbiol*, **7**, 481-488.

Campbell, T.L. (1966) Reflections on research and the future of medicine. *Science*, **153**, 442-449.

Cao, X., Cai, S.F., Fehniger, T.A., Song, J., Collins, L.I., Piwnica-Worms, D.R. & Ley, T.J. (2007) Granzyme B and perforin are important for regulatory T cell-mediated suppression of tumor clearance. *Immunity*, **27**, 635-646.

Cario, E. (2010) Toll-like receptors in inflammatory bowel diseases: a decade later. *Inflamm Bowel Dis*, **16**, 1583-1597.

Caron, G., Duluc, D., Fremaux, I., Jeannin, P., David, C., Gascan, H. & Delneste, Y. (2005) Direct stimulation of human T cells via TLR5 and TLR7/8: flagellin and R-848 up-regulate proliferation and IFN-gamma production by memory CD4+ T cells. *J Immunol*, **175**, 1551-1557.

Carpentier, A., Laigle-Donadey, F., Zohar, S., Capelle, L., Behin, A., Tibi, A., Martin-Duverneuil, N., Sanson, M., Lacomblez, L., Taillibert, S., Puybasset, L., Van Effenterre, R., Delattre, J.Y. & Carpentier, A.F. (2006a) Phase 1 trial of a CpG oligodeoxynucleotide for patients with recurrent glioblastoma. *Neuro Oncol*, **8**, 60-66.

Carpentier, A., Laigle-Donadey, F., Zohar, S., Capelle, L., Behin, A., Tibi, A., Martin-Duverneuil, N., Sanson, M., Lacomblez, L., Taillibert, S., Puybasset, L., Van Effenterre, R., Delattre, J.Y. & Carpentier, A.F. (2006b) Phase 1 trial of a CpG oligodeoxynucleotide for patients with recurrent glioblastoma. *Neuro-oncology*, **8**, 60-66.

Carpentier, A., Metellus, P., Ursu, R., Zohar, S., Lafitte, F., Barrie, M., Meng, Y., Richard, M., Parizot, C., Laigle-Donadey, F., Gorochov, G., Psimaras, D., Sanson, M., Tibi, A., Chinot, O. & Carpentier, A.F. (2010) Intracerebral administration of CpG oligonucleotide for patients with recurrent glioblastoma: a phase II study. *Neuro-oncology*, **12**, 401-408.

Carpentier, A.F. & Meng, Y. (2006) Recent advances in immunotherapy for human glioma. *Curr Opin Oncol*, **18**, 631-636.

Carrier, Y., Yuan, J., Kuchroo, V.K. & Weiner, H.L. (2007a) Th3 cells in peripheral tolerance. I. Induction of Foxp3-positive regulatory T cells by Th3 cells derived from TGF-beta T cell-transgenic mice. *J Immunol*, **178**, 179-185.

Carrier, Y., Yuan, J., Kuchroo, V.K. & Weiner, H.L. (2007b) Th3 cells in peripheral tolerance. II. TGF-beta-transgenic Th3 cells rescue IL-2-deficient mice from autoimmunity. *J Immunol*, **178**, 172-178.

Carson, M.J., Doose, J.M., Melchior, B., Schmid, C.D. & Ploix, C.C. (2006) CNS immune privilege: hiding in plain sight. *Immunological reviews*, **213**, 48-65.

Cartier, L., Hartley, O., Dubois-Dauphin, M. & Krause, K.H. (2005) Chemokine receptors in the central nervous system: role in brain inflammation and neurodegenerative diseases. *Brain Res Brain Res Rev*, **48**, 16-42.

Castelli, C., Rivoltini, L., Rini, F., Belli, F., Testori, A., Maio, M., Mazzaferro, V., Coppa, J., Srivastava, P.K. & Parmiani, G. (2004) Heat shock proteins: biological functions and clinical application as personalized vaccines for human cancer. *Cancer Immunol Immunother*, **53**, 227-233.

Castriconi, R., Cantoni, C., Della Chiesa, M., Vitale, M., Marcenaro, E., Conte, R., Biassoni, R., Bottino, C., Moretta, L. & Moretta, A. (2003) Transforming growth factor beta 1 inhibits expression of NKp30 and NKG2D receptors: consequences for the NK-mediated killing of dendritic cells. *Proc Natl Acad Sci U S A*, **100**, 4120-4125.

Castro, M.G., Candolfi, M., Kroeger, K., King, G.D., Curtin, J.F., Yagiz, K., Mineharu, Y., Assi, H., Wibowo, M., Ghulam Muhammad, A.K., Foulad, D., Puntel, M. & Lowenstein, P.R. (2011) Gene therapy and targeted toxins for glioma. *Curr Gene Ther*, **11**, 155-180.

Catros-Quemener, V., Bouet, F. & Genetet, N. (2003) [Antitumor immunity and cellular cancer therapies]. *Med Sci (Paris)*, **19**, 43-53.

Cazac, B.B. & Roes, J. (2000) TGF-beta receptor controls B cell responsiveness and induction of IgA in vivo. *Immunity*, **13**, 443-451.

Chabot, S., Williams, G., Hamilton, M., Sutherland, G. & Yong, V.W. (1999) Mechanisms of IL-10 production in human microglia-T cell interaction. *J Immunol*, **162**, 6819-6828.

Chahlavi, A., Rayman, P., Richmond, A.L., Biswas, K., Zhang, R., Vogelbaum, M., Tannenbaum, C., Barnett, G. & Finke, J.H. (2005) Glioblastomas induce T-lymphocyte death by two distinct pathways involving gangliosides and CD70. *Cancer Res*, **65**, 5428-5438.

Chalifour, A., Jeannin, P., Gauchat, J.F., Blaecke, A., Malissard, M., N'Guyen, T., Thieblemont, N. & Delneste, Y. (2004) Direct bacterial protein PAMP recognition by human NK cells involves TLRs and triggers alpha-defensin production. *Blood*, **104**, 1778-1783.

Chan, A., Seguin, R., Magnus, T., Papadimitriou, C., Toyka, K.V., Antel, J.P. & Gold, R. (2003) Phagocytosis of apoptotic inflammatory cells by microglia and its therapeutic implications: termination of CNS autoimmune inflammation and modulation by interferon-beta. *Glia*, **43**, 231-242.

Chan, W.Y., Kohsaka, S. & Rezaie, P. (2007a) The origin and cell lineage of microglia: new concepts. *Brain research reviews*, **53**, 344-354.

Chan, W.Y., Kohsaka, S. & Rezaie, P. (2007b) The origin and cell lineage of microglia: new concepts. *Brain Res Rev*, **53**, 344-354.

Chao, C.C., Hu, S., Sheng, W.S., Tsang, M. & Peterson, P.K. (1995) Tumor necrosis factor-alpha mediates the release of bioactive transforming growth factor-beta in murine microglial cell cultures. *Clin Immunol Immunopathol*, **77**, 358-365.

Chaput, N., Louafi, S., Bardier, A., Charlotte, F., Vaillant, J.C., Menegaux, F., Rosenzwajg, M., Lemoine, F., Klatzmann, D. & Taieb, J. (2009) Identification of CD8+CD25+Foxp3+ suppressive T cells in colorectal cancer tissue. *Gut*, **58**, 520-529.

Chaudhuri, J.D. (2000) Blood brain barrier and infection. *Med Sci Monit*, **6**, 1213-1222.

Chiueh, C.C. (1999) Neuroprotective properties of nitric oxide. *Ann N Y Acad Sci*, **890**, 301-311.

Choi, C. & Benveniste, E.N. (2004) Fas ligand/Fas system in the brain: regulator of immune and apoptotic responses. *Brain Res Brain Res Rev*, **44**, 65-81.

Chomarat, P., Banchereau, J., Davoust, J. & Palucka, A.K. (2000) IL-6 switches the differentiation of monocytes from dendritic cells to macrophages. *Nat Immunol*, **1**, 510-514.

Chrissobolis, S., Miller, A.A., Drummond, G.R., Kemp-Harper, B.K. & Sobey, C.G. (2011) Oxidative stress and endothelial dysfunction in cerebrovascular disease. *Front Biosci*, **16**, 1733-1745.

Clavreul, A., D'Hellencourt C, L., Montero-Menei, C., Potron, G. & Couez, D. (1998) Vitamin D differentially regulates B7.1 and B7.2 expression on human peripheral blood monocytes. *Immunology*, **95**, 272-277.

Collison, L.W., Workman, C.J., Kuo, T.T., Boyd, K., Wang, Y., Vignali, K.M., Cross, R., Sehy, D., Blumberg, R.S. & Vignali, D.A. (2007) The inhibitory cytokine IL-35 contributes to regulatory T-cell function. *Nature*, **450**, 566-569.

Combs, S.E., Heeger, S., Haselmann, R., Edler, L., Debus, J. & Schulz-Ertner, D. (2006) Treatment of primary glioblastoma multiforme with cetuximab, radiotherapy and temozolomide (GERT)--phase I/II trial: study protocol. *BMC Cancer*, **6**, 133.

Condamine, T. & Gabrilovich, D.I. (2011) Molecular mechanisms regulating myeloid-derived suppressor cell differentiation and function. *Trends Immunol*, **32**, 19-25.

Condorelli, D.F., Dell'Albani, P., Mudo, G., Timmusk, T. & Belluardo, N. (1994) Expression of neurotrophins and their receptors in primary astroglial cultures: induction by cyclic AMP-elevating agents. *J Neurochem*, **63**, 509-516.

Condorelli, D.F., Salin, T., Dell' Albani, P., Mudo, G., Corsaro, M., Timmusk, T., Metsis, M. & Belluardo, N. (1995) Neurotrophins and their trk receptors in cultured cells of the glial lineage and in white matter of the central nervous system. *J Mol Neurosci*, **6**, 237-248.

Coomber, B.L. & Stewart, P.A. (1985) Morphometric analysis of CNS microvascular endothelium. *Microvasc Res*, **30**, 99-115.

Cornet, A., Bettelli, E., Oukka, M., Cambouris, C., Avellana-Adalid, V., Kosmatopoulos, K. & Liblau, R.S. (2000) Role of astrocytes in antigen presentation and naive T-cell activation. *J Neuroimmunol*, **106**, 69-77.

Cornet, S., Menez-Jamet, J., Lemonnier, F., Kosmatopoulos, K. & Miconnet, I. (2006) CpG oligodeoxynucleotides activate dendritic cells in vivo and induce a functional and protective vaccine immunity against a TERT derived modified cryptic MHC class I-restricted epitope. *Vaccine*, **24**, 1880-1888.

Cosmi, L., Liotta, F., Angeli, R., Mazzinghi, B., Santarlasci, V., Manetti, R., Lasagni, L., Vanini, V., Romagnani, P., Maggi, E., Annunziato, F. &

Romagnani, S. (2004) Th2 cells are less susceptible than Th1 cells to the suppressive activity of CD25+ regulatory thymocytes because of their responsiveness to different cytokines. *Blood*, **103**, 3117-3121.

Cottrez, F. & Groux, H. (2004) Specialization in tolerance: innate CD(4+)CD(25+) versus acquired TR1 and TH3 regulatory T cells. *Transplantation*, **77**, S12-15.

Coussens, L.M., Tinkle, C.L., Hanahan, D. & Werb, Z. (2000) MMP-9 supplied by bone marrow-derived cells contributes to skin carcinogenesis. *Cell*, **103**, 481-490.

Curotto de Lafaille, M.A. & Lafaille, J.J. (2009) Natural and adaptive foxp3+ regulatory T cells: more of the same or a division of labor? *Immunity*, **30**, 626-635.

Curtin, J.F., Candolfi, M., Fakhouri, T.M., Liu, C., Alden, A., Edwards, M., Lowenstein, P.R. & Castro, M.G. (2008) Treg depletion inhibits efficacy of cancer immunotherapy: implications for clinical trials. *PloS one*, **3**, e1983.

D'Ambrosio, D., Cippitelli, M., Cocciolo, M.G., Mazzeo, D., Di Lucia, P., Lang, R., Sinigaglia, F. & Panina-Bordignon, P. (1998) Inhibition of IL-12 production by 1,25-dihydroxyvitamin D3. Involvement of NF-kappaB downregulation in transcriptional repression of the p40 gene. *J Clin Invest*, **101**, 252-262.

D'Aversa, T.G., Yu, K.O. & Berman, J.W. (2004) Expression of chemokines by human fetal microglia after treatment with the human immunodeficiency virus type 1 protein Tat. *J Neurovirol*, **10**, 86-97.

da Cunha, A., Jefferson, J.A., Jackson, R.W. & Vitkovic, L. (1993) Glial cell-specific mechanisms of TGF-beta 1 induction by IL-1 in cerebral cortex. *J Neuroimmunol*, **42**, 71-85.

da Cunha, A., Jefferson, J.J., Tyor, W.R., Glass, J.D., Jannotta, F.S., Cottrell, J.R. & Resau, J.H. (1997) Transforming growth factor-beta1 in adult human microglia and its stimulated production by interleukin-1. *J Interferon Cytokine Res*, **17**, 655-664.

Dalpke, A.H., Schafer, M.K., Frey, M., Zimmermann, S., Tebbe, J., Weihe, E. & Heeg, K. (2002a) Immunostimulatory CpG-DNA activates murine microglia. *J Immunol*, **168**, 4854-4863.

Dalpke, A.H., Schafer, M.K., Frey, M., Zimmermann, S., Tebbe, J., Weihe, E. & Heeg, K.

(2002b) Immunostimulatory CpG-DNA activates murine microglia. *J Immunol*, **168**, 4854-4863.

Davalos, D., Grutzendler, J., Yang, G., Kim, J.V., Zuo, Y., Jung, S., Littman, D.R., Dustin, M.L. & Gan, W.B. (2005) ATP mediates rapid microglial response to local brain injury in vivo. *Nature neuroscience*, **8**, 752-758.

David, S. & Kroner, A. (2011) Repertoire of microglial and macrophage responses after spinal cord injury. *Nat Rev Neurosci*, **12**, 388-399.

Davies, C.A., Loddick, S.A., Toulmond, S., Stroemer, R.P., Hunt, J. & Rothwell, N.J. (1999) The progression and topographic distribution of interleukin-1beta expression after permanent middle cerebral artery occlusion in the rat. *J Cereb Blood Flow Metab*, **19**, 87-98.

Davoust, N., Vuaillat, C., Androdias, G. & Nataf, S. (2008a) From bone marrow to microglia: barriers and avenues. *Trends Immunol*, **29**, 227-234.

Davoust, N., Vuaillat, C., Androdias, G. & Nataf, S. (2008b) From bone marrow to microglia: barriers and avenues. *Trends in immunology*, **29**, 227-234.

Davoust, N., Vuaillat, C., Cavillon, G., Domenget, C., Hatterer, E., Bernard, A., Dumontel, C., Jurdic, P., Malcus, C., Confavreux, C., Belin, M.F. & Nataf, S. (2006) Bone marrow CD34+/B220+ progenitors target the inflamed brain and display in vitro differentiation potential toward microglia. *Faseb J*, **20**, 2081-2092.

de Groot, C.J., Huppes, W., Sminia, T., Kraal, G. & Dijkstra, C.D. (1992) Determination of the origin and nature of brain macrophages and microglial cells in mouse central nervous system, using non-radioactive in situ hybridization and immunoperoxidase techniques. *Glia*, **6**, 301-309.

Debrick, J.E., Campbell, P.A. & Staerz, U.D. (1991a) Macrophages as accessory cells for class I MHC-restricted immune responses. *J Immunol*, **147**, 2846-2851.

Debrick, J.E., Campbell, P.A. & Staerz, U.D. (1991b) Macrophages as accessory cells for class I MHC-restricted immune responses. *J Immunol*, **147**, 2846-2851.

Delgado, M. & Ganea, D. (2003) Vasoactive intestinal peptide prevents activated microglia-induced neurodegeneration under inflammatory conditions: potential therapeutic role in brain trauma. *Faseb J*, **17**, 1922-1924.

Delneste, Y., Beauvillain, C. & Jeannin, P. (2007) [Innate immunity: structure and function of TLRs]. *Med Sci (Paris)*, **23**, 67-73.

Dente, C.J., Steffes, C.P., Speyer, C. & Tyburski, J.G. (2001) Pericytes augment the capillary barrier in in vitro cocultures. *J Surg Res*, **97**, 85-91.

Desbaillets, I., Tada, M., de Tribolet, N., Diserens, A.C., Hamou, M.F. & Van Meir, E.G. (1994) Human astrocytomas and glioblastomas express monocyte chemoattractant protein-1 (MCP-1) in vivo and in vitro. *Int J Cancer*, **58**, 240-247.

Dhein, J., Walczak, H., Baumler, C., Debatin, K.M. & Krammer, P.H. (1995) Autocrine T-cell suicide mediated by APO-1/(Fas/CD95). *Nature*, **373**, 438-441.

Dhib-Jalbut, S. (2007) Pathogenesis of myelin/oligodendrocyte damage in multiple sclerosis. *Neurology*, **68**, S13-21; discussion S43-54.

Dietrich, P.Y., Dutoit, V., Tran Thang, N.N. & Walker, P.R. (2010) T-cell immunotherapy for malignant glioma: toward a combined approach. *Current opinion in oncology*, **22**, 604-610.

Dietrich, P.Y., Walker, P.R., Saas, P. & de Tribolet, N. (1997) Immunobiology of gliomas: new perspectives for therapy. *Ann N Y Acad Sci*, **824**, 124-140.

Dijkstra, I.M., de Haas, A.H., Brouwer, N., Boddeke, H.W. & Biber, K. (2006) Challenge with innate and protein antigens induces CCR7 expression by microglia in vitro and in vivo. *Glia*, **54**, 861-872.

DiLillo, D.J., Yanaba, K. & Tedder, T.F. (2010) B cells are required for optimal CD4+ and CD8+ T cell tumor immunity: therapeutic B cell depletion enhances B16 melanoma growth in mice. *Journal of immunology*, **184**, 4006-4016.

Djerbi, M., Screpanti, V., Catrina, A.I., Bogen, B., Biberfeld, P. & Grandien, A. (1999) The inhibitor of death receptor signaling, FLICE-inhibitory protein defines a new class of tumor progression factors. *J Exp Med*, **190**, 1025-1032.

Djukic, M., Mildner, A., Schmidt, H., Czesnik, D., Bruck, W., Priller, J., Nau, R. & Prinz, M. (2006) Circulating monocytes engraft in the brain, differentiate into microglia and contribute to the pathology following meningitis in mice. *Brain*, **129**, 2394-2403.

Dobbertin, A., Schmid, P., Gelman, M., Glowinski, J. & Mallat, M. (1997) Neurons promote macrophage proliferation by producing transforming growth factor-beta2. *The Journal of neuroscience : the official journal of the Society for Neuroscience*, **17**, 5305-5315.

Dobrenis, K., Chang, H.Y., Pina-Benabou, M.H., Woodroffe, A., Lee, S.C., Rozental, R., Spray, D.C. & Scemes, E. (2005) Human and mouse microglia express connexin36, and functional gap junctions are formed between rodent microglia and neurons. *J Neurosci Res*, **82**, 306-315.

Dong, X.R., Luo, M., Fan, L., Zhang, T., Liu, L., Dong, J.H. & Wu, G. (2010) Corilagin inhibits the double strand break-triggered NF-kappaB pathway in irradiated microglial cells. *International journal of molecular medicine*, **25**, 531-536.

Dong, Y. & Benveniste, E.N. (2001) Immune function of astrocytes. *Glia*, **36**, 180-190.

Donnou, S., Fisson, S., Mahe, D., Montoni, A. & Couez, D. (2005a) Identification of new CNS-resident macrophage subpopulation molecular markers for the discrimination with murine systemic macrophages. *Journal of neuroimmunology*, **169**, 39-49.

Donnou, S., Fisson, S., Mahe, D., Montoni, A. & Couez, D. (2005b) Identification of new CNS-resident macrophage subpopulation molecular markers for the discrimination with murine systemic macrophages. *Journal of neuroimmunology*, **169**, 39-49.

Dore-Duffy, P., Owen, C., Balabanov, R., Murphy, S., Beaumont, T. & Rafols, J.A. (2000) Pericyte migration from the vascular wall in response to traumatic brain injury. *Microvasc Res*, **60**, 55-69.

Dudley, M.E., Wunderlich, J.R., Yang, J.C., Hwu, P., Schwartzentruber, D.J., Topalian, S.L., Sherry, R.M., Marincola, F.M., Leitman, S.F., Seipp, C.A., Rogers-Freezer, L., Morton, K.E., Nahvi, A., Mavroukakis, S.A., White, D.E. & Rosenberg, S.A. (2002) A phase I study of nonmyeloablative chemotherapy and adoptive transfer of autologous tumor antigen-specific T lymphocytes in patients with metastatic melanoma. *J Immunother*, **25**, 243-251.

Duffield, J.S. (2003) The inflammatory macrophage: a story of Jekyll and Hyde. *Clin Sci (Lond)*, **104**, 27-38.

Duluc, D., Delneste, Y., Tan, F., Moles, M.P., Grimaud, L., Lenoir, J., Preisser, L., Anegon, I., Catala, L., Ifrah, N., Descamps, P., Gamelin, E.,

Gascan, H., Hebbar, M. & Jeannin, P. (2007) Tumor-associated leukemia inhibitory factor and IL-6 skew monocyte differentiation into tumor-associated macrophage-like cells. *Blood*, **110**, 4319-4330.

Ehlers, M.R. (2000) CR3: a general purpose adhesion-recognition receptor essential for innate immunity. *Microbes Infect*, **2**, 289-294.

Ekdahl, C.T., Kokaia, Z. & Lindvall, O. (2009) Brain inflammation and adult neurogenesis: the dual role of microglia. *Neuroscience*, **158**, 1021-1029.

El Andaloussi, A., Han, Y. & Lesniak, M.S. (2006a) Prolongation of survival following depletion of CD4+CD25+ regulatory T cells in mice with experimental brain tumors. *J Neurosurg*, **105**, 430-437.

El Andaloussi, A., Han, Y. & Lesniak, M.S. (2006b) Prolongation of survival following depletion of CD4+CD25+ regulatory T cells in mice with experimental brain tumors. *Journal of neurosurgery*, **105**, 430-437.

El Andaloussi, A., Sonabend, A.M., Han, Y. & Lesniak, M.S. (2006c) Stimulation of TLR9 with CpG ODN enhances apoptosis of glioma and prolongs the survival of mice with experimental brain tumors. *Glia*, **54**, 526-535.

El Khoury, J., Hickman, S.E., Thomas, C.A., Loike, J.D. & Silverstein, S.C. (1998) Microglia, scavenger receptors, and the pathogenesis of Alzheimer's disease. *Neurobiol Aging*, **19**, S81-84.

Elkabes, S., DiCicco-Bloom, E.M. & Black, I.B. (1996) Brain microglia/macrophages express neurotrophins that selectively regulate microglial proliferation and function. *J Neurosci*, **16**, 2508-2521.

Elkord, E., Alcantar-Orozco, E.M., Dovedi, S.J., Tran, D.Q., Hawkins, R.E. & Gilham, D.E. (2010) T regulatory cells in cancer: recent advances and therapeutic potential. *Expert Opin Biol Ther*, **10**, 1573-1586.

Emerich, D.F., Winn, S.R., Hu, Y., Marsh, J., Snodgrass, P., LaFreniere, D., Wiens, T., Hasler, B.P. & Bartus, R.T. (2000a) Injectable chemotherapeutic microspheres and glioma I: enhanced survival following implantation into the cavity wall of debulked tumors. *Pharm Res*, **17**, 767-775.

Emerich, D.F., Winn, S.R., Snodgrass, P., LaFreniere, D., Agostino, M., Wiens, T., Xiong, H.

& Bartus, R.T. (2000b) Injectable chemotherapeutic microspheres and glioma II: enhanced survival following implantation into deep inoperable tumors. *Pharm Res*, **17**, 776-781.

Emery, B. (2010) Regulation of oligodendrocyte differentiation and myelination. *Science*, **330**, 779-782.

Esteve, P.O., Robledo, O., Potworowski, E.F. & St-Pierre, Y. (2002) Induced expression of MMP-9 in C6 glioma cells is inhibited by PDGF via a PI 3-kinase-dependent pathway. *Biochem Biophys Res Commun*, **296**, 864-869.

Fabriek, B.O., Van Haastert, E.S., Galea, I., Polfliet, M.M., Dopp, E.D., Van Den Heuvel, M.M., Van Den Berg, T.K., De Groot, C.J., Van Der Valk, P. & Dijkstra, C.D. (2005) CD163-positive perivascular macrophages in the human CNS express molecules for antigen recognition and presentation. *Glia*, **51**, 297-305.

Fallarino, F., Grohmann, U., You, S., McGrath, B.C., Cavener, D.R., Vacca, C., Orabona, C., Bianchi, R., Belladonna, M.L., Volpi, C., Santamaria, P., Fioretti, M.C. & Puccetti, P. (2006) The combined effects of tryptophan starvation and tryptophan catabolites down-regulate T cell receptor zeta-chain and induce a regulatory phenotype in naive T cells. *J Immunol*, **176**, 6752-6761.

Falsig, J., Porzgen, P., Lund, S., Schrattenholz, A. & Leist, M. (2006) The inflammatory transcriptome of reactive murine astrocytes and implications for their innate immune function. *J Neurochem*, **96**, 893-907.

Fecci, P.E., Mitchell, D.A., Whitesides, J.F., Xie, W., Friedman, A.H., Archer, G.E., Herndon, J.E., 2nd, Bigner, D.D., Dranoff, G. & Sampson, J.H. (2006) Increased regulatory T-cell fraction amidst a diminished CD4 compartment explains cellular immune defects in patients with malignant glioma. *Cancer Res*, **66**, 3294-3302.

Fedoroff, S. & Hao, C. (1991) Origin of microglia and their regulation by astroglia. *Adv Exp Med Biol*, **296**, 135-142.

Fedoroff, S., Zhai, R. & Novak, J.P. (1997) Microglia and astroglia have a common progenitor cell. *J Neurosci Res*, **50**, 477-486.

Ferrer, I., Bernet, E., Soriano, E., del Rio, T. & Fonseca, M. (1990) Naturally occurring cell death in the cerebral cortex of the rat and removal of dead cells by transitory phagocytes. *Neuroscience*, **39**, 451-458.

Filaci, G., Fenoglio, D. & Indiveri, F. (2011) CD8(+) T regulatory/suppressor cells and their relationships with autoreactivity and autoimmunity. *Autoimmunity*, **44**, 51-57.

Fiorentino, D.F., Zlotnik, A., Mosmann, T.R., Howard, M. & O'Garra, A. (1991a) IL-10 inhibits cytokine production by activated macrophages. *J Immunol*, **147**, 3815-3822.

Fiorentino, D.F., Zlotnik, A., Vieira, P., Mosmann, T.R., Howard, M., Moore, K.W. & O'Garra, A. (1991b) IL-10 acts on the antigen-presenting cell to inhibit cytokine production by Th1 cells. *J Immunol*, **146**, 3444-3451.

Fischer, H.G. & Bielinsky, A.K. (1999) Antigen presentation function of brain-derived dendriform cells depends on astrocyte help. *Int Immunol*, **11**, 1265-1274.

Fischer, H.G., Bonifas, U. & Reichmann, G. (2000) Phenotype and functions of brain dendritic cells emerging during chronic infection of mice with Toxoplasma gondii. *J Immunol*, **164**, 4826-4834.

Fischer, H.G., Nitzgen, B., Germann, T., Degitz, K., Daubener, W. & Hadding, U. (1993) Differentiation driven by granulocyte-macrophage colony-stimulating factor endows microglia with interferon-gamma-independent antigen presentation function. *J Neuroimmunol*, **42**, 87-95.

Fischer, H.G. & Reichmann, G. (2001a) Brain dendritic cells and macrophages/microglia in central nervous system inflammation. *J Immunol*, **166**, 2717-2726.

Fischer, H.G. & Reichmann, G. (2001b) Brain dendritic cells and macrophages/microglia in central nervous system inflammation. *J Immunol*, **166**, 2717-2726.

Flavell, R.A., Sanjabi, S., Wrzesinski, S.H. & Licona-Limon, P. (2010) The polarization of immune cells in the tumour environment by TGFbeta. *Nat Rev Immunol*, **10**, 554-567.

Flugel, A., Labeur, M.S., Grasbon-Frodl, E.M., Kreutzberg, G.W. & Graeber, M.B. (1999) Microglia only weakly present glioma antigen to cytotoxic T cells. *Int J Dev Neurosci*, **17**, 547-556.

Flugel, A., Schwaiger, F.W., Neumann, H., Medana, I., Willem, M., Wekerle, H., Kreutzberg, G.W. & Graeber, M.B. (2000) Neuronal FasL induces cell death of encephalitogenic T lymphocytes. *Brain Pathol*, **10**, 353-364.

Folkman, J. (2007) Angiogenesis: an organizing principle for drug discovery? *Nat Rev Drug Discov*, **6**, 273-286.

Fontenot, J.D., Rasmussen, J.P., Williams, L.M., Dooley, J.L., Farr, A.G. & Rudensky, A.Y. (2005) Regulatory T cell lineage specification by the forkhead transcription factor foxp3. *Immunity*, **22**, 329-341.

Ford, A.L., Goodsall, A.L., Hickey, W.F. & Sedgwick, J.D. (1995a) Normal adult ramified microglia separated from other central nervous system macrophages by flow cytometric sorting. Phenotypic differences defined and direct ex vivo antigen presentation to myelin basic protein-reactive CD4+ T cells compared. *J Immunol*, **154**, 4309-4321.

Ford, A.L., Goodsall, A.L., Hickey, W.F. & Sedgwick, J.D. (1995b) Normal adult ramified microglia separated from other central nervous system macrophages by flow cytometric sorting. Phenotypic differences defined and direct ex vivo antigen presentation to myelin basic protein-reactive CD4+ T cells compared. *J Immunol*, **154**, 4309-4321.

Fournier, E., Passirani, C., Montero-Menei, C., Colin, N., Breton, P., Sagodira, S., Menei, P. & Benoit, J.P. (2003) Therapeutic effectiveness of novel 5-fluorouracil-loaded poly(methylidene malonate 2.1.2)-based microspheres on F98 glioma-bearing rats. *Cancer*, **97**, 2822-2829.

Frade, J.M. & Barde, Y.A. (1998) Microglia-derived nerve growth factor causes cell death in the developing retina. *Neuron*, **20**, 35-41.

Frankel, B., Longo, S.L. & Ryken, T.C. (1999a) Co-expression of Fas and Fas ligand in human non-astrocytic glial tumors. *Acta Neuropathol*, **98**, 363-366.

Frankel, B., Longo, S.L. & Ryken, T.C. (1999b) Human astrocytomas co-expressing Fas and Fas ligand also produce TGFbeta2 and Bcl-2. *J Neurooncol*, **44**, 205-212.

Fredman, P. (1994) Gangliosides associated with primary brain tumors and their expression in cell lines established from these tumors. *Prog Brain Res*, **101**, 225-240.

Frei, K., Lins, H., Schwerdel, C. & Fontana, A. (1994) Antigen presentation in the central nervous system. The inhibitory effect of IL-10 on MHC class II expression and production of cytokines depends on the inducing signals and the type of cell analyzed. *J Immunol*, **152**, 2720-2728.

Frigerio, S., Silei, V., Ciusani, E., Massa, G., Lauro, G.M. & Salmaggi, A. (2000) Modulation of fas-ligand (Fas-L) on human microglial cells: an in vitro study. *J Neuroimmunol*, **105**, 109-114.

Furuya, T., Tanaka, R., Urabe, T., Hayakawa, J., Migita, M., Shimada, T., Mizuno, Y. & Mochizuki, H. (2003) Establishment of modified chimeric mice using GFP bone marrow as a model for neurological disorders. *Neuroreport*, **14**, 629-631.

Gabrilovich, D.I. & Nagaraj, S. (2009) Myeloid-derived suppressor cells as regulators of the immune system. *Nat Rev Immunol*, **9**, 162-174.

Galea, I., Palin, K., Newman, T.A., Van Rooijen, N., Perry, V.H. & Boche, D. (2005) Mannose receptor expression specifically reveals perivascular macrophages in normal, injured, and diseased mouse brain. *Glia*, **49**, 375-384.

Gammeltoft, S., Ballotti, R., Kowalski, A., Westermark, B. & Van Obberghen, E. (1988) Expression of two types of receptor for insulin-like growth factors in human malignant glioma. *Cancer Res*, **48**, 1233-1237.

Ganea, D., Gonzalez-Rey, E. & Delgado, M. (2006) A novel mechanism for immunosuppression: from neuropeptides to regulatory T cells. *J Neuroimmune Pharmacol*, **1**, 400-409.

Garcion, E., Lamprecht, A., Heurtault, B., Paillard, A., Aubert-Pouessel, A., Denizot, B., Menei, P. & Benoit, J.P. (2006) A new generation of anticancer, drug-loaded, colloidal vectors reverses multidrug resistance in glioma and reduces tumor progression in rats. *Mol Cancer Ther*, **5**, 1710-1722.

Garcion, E., Wion-Barbot, N., Montero-Menei, C.N., Berger, F. & Wion, D. (2002) New clues about vitamin D functions in the nervous system. *Trends Endocrinol Metab*, **13**, 100-105.

Garden, G.A. & Moller, T. (2006) Microglia biology in health and disease. *J Neuroimmune Pharmacol*, **1**, 127-137.

Garin, M.I., Chu, C.C., Golshayan, D., Cernuda-Morollon, E., Wait, R. & Lechler, R.I. (2007) Galectin-1: a key effector of regulation mediated by CD4+CD25+ T cells. *Blood*, **109**, 2058-2065.

Ge, L., Hoa, N., Bota, D.A., Natividad, J., Howat, A. & Jadus, M.R. (2010) Immunotherapy of brain cancers: the past, the present, and future directions. *Clin Dev Immunol*, **2010**, 296453.

Gehrmann, J., Matsumoto, Y. & Kreutzberg, G.W. (1995) Microglia: intrinsic immuneffector cell of the brain. *Brain Res Brain Res Rev*, **20**, 269-287.

Gerber, D.E. & Laterra, J. (2007) Emerging monoclonal antibody therapies for malignant gliomas. *Expert Opin Investig Drugs*, **16**, 477-494.

Gerber, J.S. & Mosser, D.M. (2001) Stimulatory and inhibitory signals originating from the macrophage Fcgamma receptors. *Microbes Infect*, **3**, 131-139.

Gershon, R.K. & Kondo, K. (1971) Infectious immunological tolerance. *Immunology*, **21**, 903-914.

Ghavami, S., Hashemi, M., Ande, S.R., Yeganeh, B., Xiao, W., Eshraghi, M., Bus, C.J., Kadkhoda, K., Wiechec, E., Halayko, A.J. & Los, M. (2009) Apoptosis and cancer: mutations within caspase genes. *J Med Genet*, **46**, 497-510.

Ghiringhelli, F., Menard, C., Terme, M., Flament, C., Taieb, J., Chaput, N., Puig, P.E., Novault, S., Escudier, B., Vivier, E., Lecesne, A., Robert, C., Blay, J.Y., Bernard, J., Caillat-Zucman, S., Freitas, A., Tursz, T., Wagner-Ballon, O., Capron, C., Vainchencker, W., Martin, F. & Zitvogel, L. (2005) CD4+CD25+ regulatory T cells inhibit natural killer cell functions in a transforming growth factor-beta-dependent manner. *J Exp Med*, **202**, 1075-1085.

Ghosh, A. & Chaudhuri, S. (2010) Microglial action in glioma: a boon turns bane. *Immunology letters*, **131**, 3-9.

Ginhoux, F., Greter, M., Leboeuf, M., Nandi, S., See, P., Gokhan, S., Mehler, M.F., Conway, S.J., Ng, L.G., Stanley, E.R., Samokhvalov, I.M. & Merad, M. (2010) Fate mapping analysis reveals that adult microglia derive from primitive macrophages. *Science*, **330**, 841-845.

Girardin, S.E., Boneca, I.G., Carneiro, L.A., Antignac, A., Jehanno, M., Viala, J., Tedin, K., Taha, M.K., Labigne, A., Zahringer, U., Coyle, A.J., DiStefano, P.S., Bertin, J., Sansonetti, P.J. & Philpott, D.J. (2003a) Nod1 detects a unique muropeptide from gram-negative bacterial peptidoglycan. *Science*, **300**, 1584-1587.

Girardin, S.E., Boneca, I.G., Viala, J., Chamaillard, M., Labigne, A., Thomas, G., Philpott, D.J. & Sansonetti, P.J. (2003b) Nod2 is a general sensor of peptidoglycan through muramyl dipeptide (MDP) detection. *J Biol Chem*, **278**, 8869-8872.

Giulian, D. (1999) Microglia and the immune pathology of Alzheimer disease. *Am J Hum Genet*, **65**, 13-18.

Giulian, D. & Baker, T.J. (1986) Characterization of ameboid microglia isolated from developing mammalian brain. *J Neurosci*, **6**, 2163-2178.

Gomez, G.G. & Kruse, C.A. (2006) Mechanisms of malignant glioma immune resistance and sources of immunosuppression. *Gene Ther Mol Biol*, **10**, 133-146.

Gondek, D.C., Lu, L.F., Quezada, S.A., Sakaguchi, S. & Noelle, R.J. (2005) Cutting edge: contact-mediated suppression by CD4+CD25+ regulatory cells involves a granzyme B-dependent, perforin-independent mechanism. *J Immunol*, **174**, 1783-1786.

Gonul, E., Duz, B., Kahraman, S., Kayali, H., Kubar, A. & Timurkaynak, E. (2002) Early pericyte response to brain hypoxia in cats: an ultrastructural study. *Microvasc Res*, **64**, 116-119.

Gordon, S. (2002) Pattern recognition receptors: doubling up for the innate immune response. *Cell*, **111**, 927-930.

Gorelik, L. & Flavell, R.A. (2001) Immune-mediated eradication of tumors through the blockade of transforming growth factor-beta signaling in T cells. *Nat Med*, **7**, 1118-1122.

Gorlia, T., van den Bent, M.J., Hegi, M.E., Mirimanoff, R.O., Weller, M., Cairncross, J.G., Eisenhauer, E., Belanger, K., Brandes, A.A., Allgeier, A., Lacombe, D. & Stupp, R. (2008) Nomograms for predicting survival of patients with newly diagnosed glioblastoma: prognostic factor analysis of EORTC and NCIC trial 26981-22981/CE.3. *Lancet Oncol*, **9**, 29-38.

Graeber, M.B. (2010) Changing face of microglia. *Science*, **330**, 783-788.

Graeber, M.B., Scheithauer, B.W. & Kreutzberg, G.W. (2002) Microglia in brain tumors. *Glia*, **40**, 252-259.

Graeber, M.B., Streit, W.J. & Kreutzberg, G.W. (1989) Identity of ED2-positive perivascular cells in rat brain. *J Neurosci Res*, **22**, 103-106.

Granucci, F., Petralia, F., Urbano, M., Citterio, S., Di Tota, F., Santambrogio, L. & Ricciardi-Castagnoli, P. (2003) The scavenger receptor MARCO mediates cytoskeleton rearrangements in dendritic cells and microglia. *Blood*, **102**, 2940-2947.

Gratas, C., Tohma, Y., Van Meir, E.G., Klein, M., Tenan, M., Ishii, N., Tachibana, O., Kleihues, P. & Ohgaki, H. (1997) Fas ligand expression in glioblastoma cell lines and primary astrocytic brain tumors. *Brain Pathol*, **7**, 863-869.

Grauer, O., Poschl, P., Lohmeier, A., Adema, G.J. & Bogdahn, U. (2007a) Toll-like receptor triggered dendritic cell maturation and IL-12 secretion are necessary to overcome T-cell inhibition by glioma-associated TGF-beta2. *Journal of neuro-oncology*, **82**, 151-161.

Grauer, O.M., Molling, J.W., Bennink, E., Toonen, L.W., Sutmuller, R.P., Nierkens, S. & Adema, G.J. (2008a) TLR ligands in the local treatment of established intracerebral murine gliomas. *J Immunol*, **181**, 6720-6729.

Grauer, O.M., Molling, J.W., Bennink, E., Toonen, L.W., Sutmuller, R.P., Nierkens, S. & Adema, G.J. (2008b) TLR ligands in the local treatment of established intracerebral murine gliomas. *J Immunol*, **181**, 6720-6729.

Grauer, O.M., Nierkens, S., Bennink, E., Toonen, L.W., Boon, L., Wesseling, P., Sutmuller, R.P. & Adema, G.J. (2007b) CD4+FoxP3+ regulatory T cells gradually accumulate in gliomas during tumor growth and efficiently suppress antiglioma immune responses in vivo. *International journal of cancer*, **121**, 95-105.

Grauer, O.M., Nierkens, S., Bennink, E., Toonen, L.W., Boon, L., Wesseling, P., Sutmuller, R.P. & Adema, G.J. (2007c) CD4+FoxP3+ regulatory T cells gradually accumulate in gliomas during tumor growth and efficiently suppress antiglioma immune responses in vivo. *Int J Cancer*, **121**, 95-105.

Grauer, O.M., Sutmuller, R.P., van Maren, W., Jacobs, J.F., Bennink, E., Toonen, L.W., Nierkens, S. & Adema, G.J. (2008c) Elimination of regulatory T cells is essential for an effective vaccination with tumor lysate-pulsed dendritic cells in a murine glioma model. *International journal of cancer. Journal international du cancer*, **122**, 1794-1802.

Grohmann, U., Fallarino, F. & Puccetti, P. (2003) Tolerance, DCs and tryptophan: much ado about IDO. *Trends Immunol*, **24**, 242-248.

Gronski, M.A. & Weinem, M. (2006) Death pathways in T cell homeostasis and their role in autoimmune diabetes. *Rev Diabet Stud*, **3**, 88-95.

Grossman, S.A., Reinhard, C., Colvin, O.M., Chasin, M., Brundrett, R., Tamargo, R.J. & Brem, H. (1992) The intracerebral distribution of BCNU

delivered by surgically implanted biodegradable polymers. *J Neurosurg*, **76**, 640-647.

Grossman, W.J., Verbsky, J.W., Tollefsen, B.L., Kemper, C., Atkinson, J.P. & Ley, T.J. (2004) Differential expression of granzymes A and B in human cytotoxic lymphocyte subsets and T regulatory cells. *Blood*, **104**, 2840-2848.

Groux, H., O'Garra, A., Bigler, M., Rouleau, M., Antonenko, S., de Vries, J.E. & Roncarolo, M.G. (1997) A CD4+ T-cell subset inhibits antigen-specific T-cell responses and prevents colitis. *Nature*, **389**, 737-742.

Guermonprez, P. & Amigorena, S. (2005a) Pathways for antigen cross presentation. *Springer seminars in immunopathology*, **26**, 257-271.

Guermonprez, P. & Amigorena, S. (2005b) Pathways for antigen cross presentation. *Springer Semin Immunopathol*, **26**, 257-271.

Haining, W.N., Davies, J., Kanzler, H., Drury, L., Brenn, T., Evans, J., Angelosanto, J., Rivoli, S., Russell, K., George, S., Sims, P., Neuberg, D., Li, X., Kutok, J., Morgan, J., Wen, P., Demetri, G., Coffman, R.L. & Nadler, L.M. (2008) CpG oligodeoxynucleotides alter lymphocyte and dendritic cell trafficking in humans. *Clin Cancer Res*, **14**, 5626-5634.

Hallmann, R., Mayer, D.N., Berg, E.L., Broermann, R. & Butcher, E.C. (1995) Novel mouse endothelial cell surface marker is suppressed during differentiation of the blood brain barrier. *Dev Dyn*, **202**, 325-332.

Hanahan, D. & Weinberg, R.A. (2000) The hallmarks of cancer. *Cell*, **100**, 57-70.

Harding, C.V., Song, R., Griffin, J., France, J., Wick, M.J., Pfeifer, J.D. & Geuze, H.J. (1995a) Processing of bacterial antigens for presentation to class I and II MHC-restricted T lymphocytes. *Infectious agents and disease*, **4**, 1-12.

Harding, C.V., Song, R., Griffin, J., France, J., Wick, M.J., Pfeifer, J.D. & Geuze, H.J. (1995b) Processing of bacterial antigens for presentation to class I and II MHC-restricted T lymphocytes. *Infect Agents Dis*, **4**, 1-12.

Hashimoto, C., Hudson, K.L. & Anderson, K.V. (1988) The Toll gene of Drosophila, required for dorsal-ventral embryonic polarity, appears to encode a transmembrane protein. *Cell*, **52**, 269-279.

Hasselbalch, B., Lassen, U., Poulsen, H.S. & Stockhausen, M.T. (2010) Cetuximab insufficiently inhibits glioma cell growth due to persistent EGFR downstream signaling. *Cancer Invest*, **28**, 775-787.

Hatterer, E., Davoust, N., Didier-Bazes, M., Vuaillat, C., Malcus, C., Belin, M.F. & Nataf, S. (2006) How to drain without lymphatics? Dendritic cells migrate from the cerebrospinal fluid to the B-cell follicles of cervical lymph nodes. *Blood*, **107**, 806-812.

Havenith, C.E., Askew, D. & Walker, W.S. (1998) Mouse resident microglia: isolation and characterization of immunoregulatory properties with naive CD4+ and CD8+ T-cells. *Glia*, **22**, 348-359.

Hawrylowicz, C.M. & O'Garra, A. (2005) Potential role of interleukin-10-secreting regulatory T cells in allergy and asthma. *Nat Rev Immunol*, **5**, 271-283.

Heese, K., Hock, C. & Otten, U. (1998) Inflammatory signals induce neurotrophin expression in human microglial cells. *J Neurochem*, **70**, 699-707.

Heimberger, A.B., Abou-Ghazal, M., Reina-Ortiz, C., Yang, D.S., Sun, W., Qiao, W., Hiraoka, N. & Fuller, G.N. (2008) Incidence and prognostic impact of FoxP3+ regulatory T cells in human gliomas. *Clin Cancer Res*, **14**, 5166-5172.

Held-Feindt, J., Hattermann, K., Muerkoster, S.S., Wedderkopp, H., Knerlich-Lukoschus, F., Ungefroren, H., Mehdorn, H.M. & Mentlein, R. (2010) CX3CR1 promotes recruitment of human glioma-infiltrating microglia/macrophages (GIMs). *Exp Cell Res*, **316**, 1553-1566.

Heppner, F.L., Greter, M., Marino, D., Falsig, J., Raivich, G., Hovelmeyer, N., Waisman, A., Rulicke, T., Prinz, M., Priller, J., Becher, B. & Aguzzi, A. (2005) Experimental autoimmune encephalomyelitis repressed by microglial paralysis. *Nat Med*, **11**, 146-152.

Hess, D.C., Abe, T., Hill, W.D., Studdard, A.M., Carothers, J., Masuya, M., Fleming, P.A., Drake, C.J. & Ogawa, M. (2004a) Hematopoietic origin of microglial and perivascular cells in brain. *Experimental neurology*, **186**, 134-144.

Hess, D.C., Abe, T., Hill, W.D., Studdard, A.M., Carothers, J., Masuya, M., Fleming, P.A., Drake, C.J. & Ogawa, M. (2004b) Hematopoietic origin of microglial and perivascular cells in brain. *Exp Neurol*, **186**, 134-144.

Heyen, J.R., Ye, S., Finck, B.N. & Johnson, R.W. (2000) Interleukin (IL)-10 inhibits IL-6 production in microglia by preventing activation of NF-kappaB. *Brain Res Mol Brain Res*, **77**, 138-147.

Hickey, W.F. (2001) Basic principles of immunological surveillance of the normal central nervous system. *Glia*, **36**, 118-124.

Hoek, R.M., Ruuls, S.R., Murphy, C.A., Wright, G.J., Goddard, R., Zurawski, S.M., Blom, B., Homola, M.E., Streit, W.J., Brown, M.H., Barclay, A.N. & Sedgwick, J.D. (2000) Down-regulation of the macrophage lineage through interaction with OX2 (CD200). *Science*, **290**, 1768-1771.

Hoelzinger, D.B., Demuth, T. & Berens, M.E. (2007) Autocrine factors that sustain glioma invasion and paracrine biology in the brain microenvironment. *J Natl Cancer Inst*, **99**, 1583-1593.

Hon, H., Oran, A., Brocker, T. & Jacob, J. (2005a) B lymphocytes participate in cross-presentation of antigen following gene gun vaccination. *J Immunol*, **174**, 5233-5242.

Hon, H., Oran, A., Brocker, T. & Jacob, J. (2005b) B lymphocytes participate in cross-presentation of antigen following gene gun vaccination. *J Immunol*, **174**, 5233-5242.

Hooper, C., Taylor, D.L. & Pocock, J.M. (2005) Pure albumin is a potent trigger of calcium signalling and proliferation in microglia but not macrophages or astrocytes. *J Neurochem*, **92**, 1363-1376.

Hornung, V., Rothenfusser, S., Britsch, S., Krug, A., Jahrsdorfer, B., Giese, T., Endres, S. & Hartmann, G. (2002) Quantitative expression of toll-like receptor 1-10 mRNA in cellular subsets of human peripheral blood mononuclear cells and sensitivity to CpG oligodeoxynucleotides. *J Immunol*, **168**, 4531-4537.

Hoshino, K., Kaisho, T., Iwabe, T., Takeuchi, O. & Akira, S. (2002) Differential involvement of IFN-beta in Toll-like receptor-stimulated dendritic cell activation. *Int Immunol*, **14**, 1225-1231.

Hu, S., Chao, C.C., Ehrlich, L.C., Sheng, W.S., Sutton, R.L., Rockswold, G.L. & Peterson, P.K. (1999) Inhibition of microglial cell RANTES production by IL-10 and TGF-beta. *J Leukoc Biol*, **65**, 815-821.

Huang, A.Y., Bruce, A.T., Pardoll, D.M. & Levitsky, H.I. (1996) In vivo cross-priming of MHC class I-restricted antigens requires the TAP transporter. *Immunity*, **4**, 349-355.

Huang, B., Pan, P.Y., Li, Q., Sato, A.I., Levy, D.E., Bromberg, J., Divino, C.M. & Chen, S.H. (2006) Gr-1+CD115+ immature myeloid suppressor cells mediate the development of tumor-induced T regulatory cells and T-cell anergy in tumor-bearing host. *Cancer Res*, **66**, 1123-1131.

Huang, B., Zhao, J., Li, H., He, K.L., Chen, Y., Chen, S.H., Mayer, L., Unkeless, J.C. & Xiong, H. (2005) Toll-like receptors on tumor cells facilitate evasion of immune surveillance. *Cancer research*, **65**, 5009-5014.

Huang, C.T., Workman, C.J., Flies, D., Pan, X., Marson, A.L., Zhou, G., Hipkiss, E.L., Ravi, S., Kowalski, J., Levitsky, H.I., Powell, J.D., Pardoll, D.M., Drake, C.G. & Vignali, D.A. (2004) Role of LAG-3 in regulatory T cells. *Immunity*, **21**, 503-513.

Humphries, W., Wei, J., Sampson, J.H. & Heimberger, A.B. (2010) The role of tregs in glioma-mediated immunosuppression: potential target for intervention. *Neurosurg Clin N Am*, **21**, 125-137.

Husain, N., Chiocca, E.A., Rainov, N., Louis, D.N. & Zervas, N.T. (1998) Co-expression of Fas and Fas ligand in malignant glial tumors and cell lines. *Acta Neuropathol*, **95**, 287-290.

Husemann, J., Loike, J.D., Anankov, R., Febbraio, M. & Silverstein, S.C. (2002) Scavenger receptors in neurobiology and neuropathology: their role on microglia and other cells of the nervous system. *Glia*, **40**, 195-205.

Hussain, S.F., Yang, D., Suki, D., Grimm, E. & Heimberger, A.B. (2006) Innate immune functions of microglia isolated from human glioma patients. *J Transl Med*, **4**, 15.

Hutchings, M.I., Palmer, T., Harrington, D.J. & Sutcliffe, I.C. (2009) Lipoprotein biogenesis in Gram-positive bacteria: knowing when to hold 'em, knowing when to fold 'em. *Trends Microbiol*, **17**, 13-21.

Huynh, N.T., Passirani, C., Saulnier, P. & Benoit, J.P. (2009) Lipid nanocapsules: a new platform for nanomedicine. *Int J Pharm*, **379**, 201-209.

Hwang, S.Y., Yoo, B.C., Jung, J.W., Oh, E.S., Hwang, J.S., Shin, J.A., Kim, S.Y., Cha, S.H. & Han, I.O. (2009) Induction of glioma apoptosis by microglia-secreted molecules: The role of nitric oxide and cathepsin B. *Biochim Biophys Acta*, **1793**, 1656-1668.

Igarashi, Y., Utsumi, H., Chiba, H., Yamada-Sasamori, Y., Tobioka, H., Kamimura, Y., Furuuchi, K., Kokai, Y., Nakagawa, T., Mori, M. & Sawada, N. (1999) Glial cell line-derived neurotrophic factor induces barrier function of endothelial cells forming the blood-brain barrier. *Biochem Biophys Res Commun*, **261**, 108-112.

Inobe, J., Slavin, A.J., Komagata, Y., Chen, Y., Liu, L. & Weiner, H.L. (1998) IL-4 is a differentiation factor for transforming growth factor-beta secreting Th3 cells and oral administration of IL-4 enhances oral tolerance in experimental allergic encephalomyelitis. *Eur J Immunol*, **28**, 2780-2790.

Issazadeh, S., Lorentzen, J.C., Mustafa, M.I., Hojeberg, B., Mussener, A. & Olsson, T. (1996) Cytokines in relapsing experimental autoimmune encephalomyelitis in DA rats: persistent mRNA expression of proinflammatory cytokines and absent expression of interleukin-10 and transforming growth factor-beta. *J Neuroimmunol*, **69**, 103-115.

Ito, M., Minamiya, Y., Kawai, H., Saito, S., Saito, H., Nakagawa, T., Imai, K., Hirokawa, M. & Ogawa, J. (2006) Tumor-derived TGFbeta-1 induces dendritic cell apoptosis in the sentinel lymph node. *J Immunol*, **176**, 5637-5643.

Itoh, N., Yonehara, S., Ishii, A., Yonehara, M., Mizushima, S., Sameshima, M., Hase, A., Seto, Y. & Nagata, S. (1991) The polypeptide encoded by the cDNA for human cell surface antigen Fas can mediate apoptosis. *Cell*, **66**, 233-243.

Jack, C.S., Arbour, N., Blain, M., Meier, U.C., Prat, A. & Antel, J.P. (2007) Th1 polarization of CD4+ T cells by Toll-like receptor 3-activated human microglia. *Journal of neuropathology and experimental neurology*, **66**, 848-859.

Jack, C.S., Arbour, N., Manusow, J., Montgrain, V., Blain, M., McCrea, E., Shapiro, A. & Antel, J.P. (2005) TLR signaling tailors innate immune responses in human microglia and astrocytes. *Journal of immunology*, **175**, 4320-4330.

Jacobs, J.F., Idema, A.J., Bol, K.F., Grotenhuis, J.A., de Vries, I.J., Wesseling, P. & Adema, G.J. (2010) Prognostic significance and mechanism of Treg infiltration in human brain tumors. *Journal of neuroimmunology*, **225**, 195-199.

Jacobs, J.F., Idema, A.J., Bol, K.F., Nierkens, S., Grauer, O.M., Wesseling, P., Grotenhuis, J.A., Hoogerbrugge, P.M., de Vries, I.J. & Adema, G.J. (2009) Regulatory T cells and the PD-L1/PD-1 pathway mediate immune suppression in malignant human brain tumors. *Neuro Oncol*, **11**, 394-402.

Jander, S., Pohl, J., D'Urso, D., Gillen, C. & Stoll, G. (1998) Time course and cellular localization of interleukin-10 mRNA and protein expression in autoimmune inflammation of the rat central nervous system. *Am J Pathol*, **152**, 975-982.

Janeway, C.A., Jr. & Medzhitov, R. (2002a) Innate immune recognition. *Annual review of immunology*, **20**, 197-216.

Janeway, C.A., Jr. & Medzhitov, R. (2002b) Innate immune recognition. *Annu Rev Immunol*, **20**, 197-216.

Johnson, L.A. & Sampson, J.H. (2010) Immunotherapy approaches for malignant glioma from 2007 to 2009. *Current neurology and neuroscience reports*, **10**, 259-266.

Joly, E., Mucke, L. & Oldstone, M.B. (1991) Viral persistence in neurons explained by lack of major histocompatibility class I expression. *Science*, **253**, 1283-1285.

Joosten, S.A., van Meijgaarden, K.E., Savage, N.D., de Boer, T., Triebel, F., van der Wal, A., de Heer, E., Klein, M.R., Geluk, A. & Ottenhoff, T.H. (2007) Identification of a human CD8+ regulatory T cell subset that mediates suppression through the chemokine CC chemokine ligand 4. *Proc Natl Acad Sci U S A*, **104**, 8029-8034.

Jung, D.Y., Lee, H. & Suk, K. (2005) Pro-apoptotic activity of N-myc in activation-induced cell death of microglia. *J Neurochem*, **94**, 249-256.

Jung, S., Aliberti, J., Graemmel, P., Sunshine, M.J., Kreutzberg, G.W., Sher, A. & Littman, D.R. (2000) Analysis of fractalkine receptor CX(3)CR1 function by targeted deletion and green fluorescent protein reporter gene insertion. *Mol Cell Biol*, **20**, 4106-4114.

Kacem, K., Lacombe, P., Seylaz, J. & Bonvento, G. (1998) Structural organization of the perivascular astrocyte endfeet and their relationship with the endothelial glucose transporter: a confocal microscopy study. *Glia*, **23**, 1-10.

Kagi, D., Vignaux, F., Ledermann, B., Burki, K., Depraetere, V., Nagata, S., Hengartner, H. & Golstein, P. (1994) Fas and perforin pathways as major mechanisms of T cell-mediated cytotoxicity. *Science*, **265**, 528-530.

Kanzawa, T., Sawada, M., Kato, K., Yamamoto, K., Mori, H. & Tanaka, R. (2000) Differentiated regulation of allo-antigen presentation by different types of murine microglial cell lines. *J Neurosci Res*, **62**, 383-388.

Karpus, W.J. & Ransohoff, R.M. (1998) Chemokine regulation of experimental autoimmune encephalomyelitis: temporal and spatial expression patterns govern disease pathogenesis. *J Immunol*, **161**, 2667-2671.

Kato, H., Kogure, K., Liu, X.H., Araki, T. & Itoyama, Y. (1996) Progressive expression of immunomolecules on activated microglia and invading leukocytes following focal cerebral ischemia in the rat. *Brain Res*, **734**, 203-212.

Kato, K., Nakane, A., Minagawa, T., Kasai, N., Yamamoto, K., Sato, N. & Tsuruoka, N. (1989) Human tumor necrosis factor increases the resistance against Listeria infection in mice. *Med Microbiol Immunol*, **178**, 337-346.

Kaur, C., Hao, A.J., Wu, C.H. & Ling, E.A. (2001a) Origin of microglia. *Microsc Res Tech*, **54**, 2-9.

Kaur, C., Hao, A.J., Wu, C.H. & Ling, E.A. (2001b) Origin of microglia. *Microscopy research and technique*, **54**, 2-9.

Kaur, G., Han, S.J., Yang, I. & Crane, C. (2010) Microglia and central nervous system immunity. *Neurosurg Clin N Am*, **21**, 43-51.

Kawai, T. & Akira, S. (2006) TLR signaling. *Cell Death Differ*, **13**, 816-825.

Kawai, T. & Akira, S. (2008) Toll-like receptor and RIG-I-like receptor signaling. *Ann N Y Acad Sci*, **1143**, 1-20.

Kehrl, J.H., Thevenin, C., Rieckmann, P. & Fauci, A.S. (1991) Transforming growth factor-beta suppresses human B lymphocyte Ig production by inhibiting synthesis and the switch from the membrane form to the secreted form of Ig mRNA. *J Immunol*, **146**, 4016-4023.

Kempermann, G. & Neumann, H. (2003) Neuroscience. Microglia: the enemy within? *Science*, **302**, 1689-1690.

Kennedy, D.W. & Abkowitz, J.L. (1997) Kinetics of central nervous system microglial and macrophage engraftment: analysis using a transgenic bone marrow transplantation model. *Blood*, **90**, 986-993.

Kennedy, M.K., Torrance, D.S., Picha, K.S. & Mohler, K.M. (1992) Analysis of cytokine mRNA expression in the central nervous system of mice with experimental autoimmune encephalomyelitis reveals that IL-10 mRNA expression correlates with recovery. *J Immunol*, **149**, 2496-2505.

Kenny, E.F. & O'Neill, L.A. (2008) Signalling adaptors used by Toll-like receptors: an update. *Cytokine*, **43**, 342-349.

Kerr, J.F., Wyllie, A.H. & Currie, A.R. (1972) Apoptosis: a basic biological phenomenon with wide-ranging implications in tissue kinetics. *Br J Cancer*, **26**, 239-257.

Kettenmann, H., Hanisch, U.K., Noda, M. & Verkhratsky, A. (2011) Physiology of microglia. *Physiol Rev*, **91**, 461-553.

Kikuchi, T., Akasaki, Y., Abe, T., Fukuda, T., Saotome, H., Ryan, J.L., Kufe, D.W. & Ohno, T. (2004) Vaccination of glioma patients with fusions of dendritic and glioma cells and recombinant human interleukin 12. *J Immunother*, **27**, 452-459.

Kim, S.U. & de Vellis, J. (2005) Microglia in health and disease. *J Neurosci Res*, **81**, 302-313.

Kim, Y.J., Hwang, S.Y., Hwang, J.S., Lee, J.W., Oh, E.S. & Han, I.O. (2008) C6 glioma cell insoluble matrix components enhance interferon-gamma-stimulated inducible nitric-oxide synthase/nitric oxide production in BV2 microglial cells. *J Biol Chem*, **283**, 2526-2533.

Kim, Y.J., Hwang, S.Y., Oh, E.S., Oh, S. & Han, I.O. (2006) IL-1beta, an immediate early protein secreted by activated microglia, induces iNOS/NO in C6 astrocytoma cells through p38 MAPK and NF-kappaB pathways. *J Neurosci Res*, **84**, 1037-1046.

Kim, Y.S. & Joh, T.H. (2006) Microglia, major player in the brain inflammation: their roles in the pathogenesis of Parkinson's disease. *Exp Mol Med*, **38**, 333-347.

Kiniwa, Y., Miyahara, Y., Wang, H.Y., Peng, W., Peng, G., Wheeler, T.M., Thompson, T.C., Old, L.J. & Wang, R.F. (2007) CD8+ Foxp3+ regulatory T cells mediate immunosuppression in prostate cancer. *Clin Cancer Res*, **13**, 6947-6958.

Koebel, C.M., Vermi, W., Swann, J.B., Zerafa, N., Rodig, S.J., Old, L.J., Smyth, M.J. & Schreiber, R.D. (2007) Adaptive immunity maintains occult cancer in an equilibrium state. *Nature*, **450**, 903-907.

Komai-Koma, M., Jones, L., Ogg, G.S., Xu, D. & Liew, F.Y. (2004) TLR2 is expressed on activated T cells as a costimulatory receptor. *Proc Natl Acad Sci U S A*, **101**, 3029-3034.

Komohara, Y., Ohnishi, K., Kuratsu, J. & Takeya, M. (2008) Possible involvement of the M2 anti-inflammatory macrophage phenotype in growth of human gliomas. *J Pathol*, **216**, 15-24.

Koo, G.C. & Peppard, J.R. (1984) Establishment of monoclonal anti-Nk-1.1 antibody. *Hybridoma*, **3**, 301-303.

Kort, J.J., Kawamura, K., Fugger, L., Weissert, R. & Forsthuber, T.G. (2006) Efficient presentation of myelin oligodendrocyte glycoprotein peptides but not protein by astrocytes from HLA-DR2 and HLA-DR4 transgenic mice. *J Neuroimmunol*, **173**, 23-34.

Kottke, T., Galivo, F., Wongthida, P., Diaz, R.M., Thompson, J., Jevremovic, D., Barber, G.N., Hall, G., Chester, J., Selby, P., Harrington, K., Melcher, A. & Vile, R.G. (2008a) Treg depletion-enhanced IL-2 treatment facilitates therapy of established tumors using systemically delivered oncolytic virus. *Mol Ther*, **16**, 1217-1226.

Kottke, T., Galivo, F., Wongthida, P., Diaz, R.M., Thompson, J., Jevremovic, D., Barber, G.N., Hall, G., Chester, J., Selby, P., Harrington, K., Melcher, A. & Vile, R.G. (2008b) Treg depletion-enhanced IL-2 treatment facilitates therapy of established tumors using systemically delivered oncolytic virus. *Mol Ther*, **16**, 1217-1226.

Kou, P.M. & Babensee, J.E. (2010) Macrophage and dendritic cell phenotypic diversity in the context of biomaterials. *J Biomed Mater Res A*.

Kovacsovics-Bankowski, M. & Rock, K.L. (1995) A phagosome-to-cytosol pathway for exogenous antigens presented on MHC class I molecules. *Science*, **267**, 243-246.

Kranzer, K., Bauer, M., Lipford, G.B., Heeg, K., Wagner, H. & Lang, R. (2000) CpG-oligodeoxynucleotides enhance T-cell receptor-triggered interferon-gamma production and up-regulation of CD69 via induction of antigen-presenting cell-derived interferon type I and interleukin-12. *Immunology*, **99**, 170-178.

Kren, L., Muckova, K., Lzicarova, E., Sova, M., Vybihal, V., Svoboda, T., Fadrus, P., Smrcka, M., Slaby, O., Lakomy, R., Vanhara, P., Krenova, Z. & Michalek, J. (2010) Production of immune-modulatory nonclassical molecules HLA-G and HLA-E by tumor infiltrating ameboid microglia/macrophages in glioblastomas: a role in innate immunity? *J Neuroimmunol*, **220**, 131-135.

Kreutzberg, G.W. (1996) Microglia: a sensor for pathological events in the CNS. *Trends in neurosciences*, **19**, 312-318.

Krieg, A.M. (2002) CpG motifs in bacterial DNA and their immune effects. *Annual review of immunology*, **20**, 709-760.

Krieg, A.M., Yi, A.K., Matson, S., Waldschmidt, T.J., Bishop, G.A., Teasdale, R., Koretzky, G.A. & Klinman, D.M. (1995) CpG motifs in bacterial DNA trigger direct B-cell activation. *Nature*, **374**, 546-549.

Kroeger, K.M., Muhammad, A.K., Baker, G.J., Assi, H., Wibowo, M.K., Xiong, W., Yagiz, K., Candolfi, M., Lowenstein, P.R. & Castro, M.G. (2010) Gene therapy and virotherapy: novel therapeutic approaches for brain tumors. *Discov Med*, **10**, 293-304.

Krogsgaard, M., Wucherpfennig, K.W., Cannella, B., Hansen, B.E., Svejgaard, A., Pyrdol, J., Ditzel, H., Raine, C., Engberg, J. & Fugger, L. (2000) Visualization of myelin basic protein (MBP) T cell epitopes in multiple sclerosis lesions using a monoclonal antibody specific for the human histocompatibility leukocyte antigen (HLA)-DR2-MBP 85-99 complex. *J Exp Med*, **191**, 1395-1412.

Kryczek, I., Zou, L., Rodriguez, P., Zhu, G., Wei, S., Mottram, P., Brumlik, M., Cheng, P., Curiel, T., Myers, L., Lackner, A., Alvarez, X., Ochoa, A., Chen, L. & Zou, W. (2006) B7-H4 expression identifies a novel suppressive macrophage population in human ovarian carcinoma. *J Exp Med*, **203**, 871-881.

Kumar, H., Kawai, T. & Akira, S. (2009) Toll-like receptors and innate immunity. *Biochem Biophys Res Commun*, **388**, 621-625.

Kuno, R., Wang, J., Kawanokuchi, J., Takeuchi, H., Mizuno, T. & Suzumura, A. (2005) Autocrine activation of microglia by tumor necrosis factor-alpha. *J Neuroimmunol*, **162**, 89-96.

Kurts, C., Carbone, F.R., Barnden, M., Blanas, E., Allison, J., Heath, W.R. & Miller, J.F. (1997a) CD4+ T cell help impairs CD8+ T cell deletion induced by cross-presentation of self-antigens and favors autoimmunity. *J Exp Med*, **186**, 2057-2062.

Kurts, C., Kosaka, H., Carbone, F.R., Miller, J.F. & Heath, W.R. (1997b) Class I-restricted cross-presentation of exogenous self-antigens leads to deletion of autoreactive CD8(+) T cells. *The Journal of experimental medicine*, **186**, 239-245.

Kurts, C., Robinson, B.W. & Knolle, P.A. (2010) Cross-priming in health and disease. *Nat Rev Immunol*, **10**, 403-414.

Labarriere, N., Pandolfino, M.C., Gervois, N., Khammari, A., Tessier, M.H., Dreno, B. & Jotereau, F. (2002) Therapeutic efficacy of melanoma-reactive TIL injected in stage III melanoma patients. *Cancer Immunol Immunother*, **51**, 532-538.

Ladeby, R., Wirenfeldt, M., Dalmau, I., Gregersen, R., Garcia-Ovejero, D., Babcock, A., Owens, T. & Finsen, B. (2005) Proliferating resident microglia express the stem cell antigen CD34 in response to acute neural injury. *Glia*, **50**, 121-131.

Lafuente, J.V., Adan, B., Alkiza, K., Garibi, J.M., Rossi, M. & Cruz-Sanchez, F.F. (1999) Expression of vascular endothelial growth factor (VEGF) and platelet-derived growth factor receptor-beta (PDGFR-beta) in human gliomas. *J Mol Neurosci*, **13**, 177-185.

Lande, R. & Gilliet, M. (2010) Plasmacytoid dendritic cells: key players in the initiation and regulation of immune responses. *Ann N Y Acad Sci*, **1183**, 89-103.

Landowski, T.H., Qu, N., Buyuksal, I., Painter, J.S. & Dalton, W.S. (1997) Mutations in the Fas antigen in patients with multiple myeloma. *Blood*, **90**, 4266-4270.

Larmonier, N., Marron, M., Zeng, Y., Cantrell, J., Romanoski, A., Sepassi, M., Thompson, S., Chen, X., Andreansky, S. & Katsanis, E. (2007) Tumor-derived CD4(+)CD25(+) regulatory T cell suppression of dendritic cell function involves TGF-beta and IL-10. *Cancer Immunol Immunother*, **56**, 48-59.

Lawson, L.J., Perry, V.H., Dri, P. & Gordon, S. (1990) Heterogeneity in the distribution and morphology of microglia in the normal adult mouse brain. *Neuroscience*, **39**, 151-170.

Lee, J.C., Cho, G.S., Kwon, J.H., Shin, M.H., Lim, J.H. & Kim, W.K. (2006) Macrophageal/microglial cell activation and cerebral injury induced by excretory-secretory products secreted by Paragonimus westermani. *Neuroscience research*, **54**, 133-139.

Lee, J.C., Lee, K.M., Kim, D.W. & Heo, D.S. (2004) Elevated TGF-beta1 secretion and down-modulation of NKG2D underlies impaired NK cytotoxicity in cancer patients. *J Immunol*, **172**, 7335-7340.

Lee, S.J. & Lee, S. (2002) Toll-like receptors and inflammation in the CNS. *Curr Drug Targets Inflamm Allergy*, 1, 181-191.

Lefebvre d'Hellencourt, C., Montero-Menei, C.N., Bernard, R. & Couez, D. (2003) Vitamin D3 inhibits proinflammatory cytokines and nitric oxide production by the EOC13 microglial cell line. *J Neurosci Res*, 71, 575-582.

Lehnardt, S. (2010) Innate immunity and neuroinflammation in the CNS: the role of microglia in Toll-like receptor-mediated neuronal injury. *Glia*, 58, 253-263.

Lehrmann, E., Kiefer, R., Christensen, T., Toyka, K.V., Zimmer, J., Diemer, N.H., Hartung, H.P. & Finsen, B. (1998) Microglia and macrophages are major sources of locally produced transforming growth factor-beta1 after transient middle cerebral artery occlusion in rats. *Glia*, 24, 437-448.

Lemaitre, B., Nicolas, E., Michaut, L., Reichhart, J.M. & Hoffmann, J.A. (1996) The dorsoventral regulatory gene cassette spatzle/Toll/cactus controls the potent antifungal response in Drosophila adults. *Cell*, 86, 973-983.

Lemire, J.M., Archer, D.C., Beck, L. & Spiegelberg, H.L. (1995) Immunosuppressive actions of 1,25-dihydroxyvitamin D3: preferential inhibition of Th1 functions. *J Nutr*, 125, 1704S-1708S.

Lenert, P.S. (2010) Classification, mechanisms of action, and therapeutic applications of inhibitory oligonucleotides for Toll-like receptors (TLR) 7 and 9. *Mediators of inflammation*, 2010, 986596.

Lesniak, M.S. & Brem, H. (2004) Targeted therapy for brain tumours. *Nat Rev Drug Discov*, 3, 499-508.

Levings, M.K., Gregori, S., Tresoldi, E., Cazzaniga, S., Bonini, C. & Roncarolo, M.G. (2005) Differentiation of Tr1 cells by immature dendritic cells requires IL-10 but not CD25+CD4+ Tr cells. *Blood*, 105, 1162-1169.

Levings, M.K., Sangregorio, R. & Roncarolo, M.G. (2001) Human cd25(+)cd4(+) t regulatory cells suppress naive and memory T cell proliferation and can be expanded in vitro without loss of function. *J Exp Med*, 193, 1295-1302.

Li, H., Han, Y., Guo, Q., Zhang, M. & Cao, X. (2009) Cancer-expanded myeloid-derived suppressor cells induce anergy of NK cells through membrane-bound TGF-beta 1. *J Immunol*, 182, 240-249.

Li, H., Zhu, H., Xu, C.J. & Yuan, J. (1998) Cleavage of BID by caspase 8 mediates the mitochondrial damage in the Fas pathway of apoptosis. *Cell*, 94, 491-501.

Li, J., Baud, O., Vartanian, T., Volpe, J.J. & Rosenberg, P.A. (2005) Peroxynitrite generated by inducible nitric oxide synthase and NADPH oxidase mediates microglial toxicity to oligodendrocytes. *Proc Natl Acad Sci U S A*, 102, 9936-9941.

Li, J., Gran, B., Zhang, G.X., Ventura, E.S., Siglienti, I., Rostami, A. & Kamoun, M. (2003) Differential expression and regulation of IL-23 and IL-12 subunits and receptors in adult mouse microglia. *J Neurol Sci*, 215, 95-103.

Li, M.O. & Flavell, R.A. (2008) TGF-beta: a master of all T cell trades. *Cell*, 134, 392-404.

Li, M.O., Wan, Y.Y., Sanjabi, S., Robertson, A.K. & Flavell, R.A. (2006) Transforming growth factor-beta regulation of immune responses. *Annu Rev Immunol*, 24, 99-146.

Liang, B., Workman, C., Lee, J., Chew, C., Dale, B.M., Colonna, L., Flores, M., Li, N., Schweighoffer, E., Greenberg, S., Tybulewicz, V., Vignali, D. & Clynes, R. (2008) Regulatory T cells inhibit dendritic cells by lymphocyte activation gene-3 engagement of MHC class II. *J Immunol*, 180, 5916-5926.

Liang, S., Alard, P., Zhao, Y., Parnell, S., Clark, S.L. & Kosiewicz, M.M. (2005) Conversion of CD4+ CD25- cells into CD4+ CD25+ regulatory T cells in vivo requires B7 costimulation, but not the thymus. *J Exp Med*, 201, 127-137.

Liau, L.M., Prins, R.M., Kiertscher, S.M., Odesa, S.K., Kremen, T.J., Giovannone, A.J., Lin, J.W., Chute, D.J., Mischel, P.S., Cloughesy, T.F. & Roth, M.D. (2005) Dendritic cell vaccination in glioblastoma patients induces systemic and intracranial T-cell responses modulated by the local central nervous system tumor microenvironment. *Clinical cancer research : an official journal of the American Association for Cancer Research*, 11, 5515-5525.

Lichanska, A.M., Browne, C.M., Henkel, G.W., Murphy, K.M., Ostrowski, M.C., McKercher, S.R., Maki, R.A. & Hume, D.A. (1999) Differentiation of the mononuclear phagocyte system during mouse embryogenesis: the role of transcription factor PU.1. *Blood*, 94, 127-138.

Lim, H.W., Hillsamer, P., Banham, A.H. & Kim, C.H. (2005) Cutting edge: direct suppression of B cells by CD4+ CD25+ regulatory T cells. *J Immunol*, **175**, 4180-4183.

Lin, H.W. & Levison, S.W. (2009) Context-dependent IL-6 potentiation of interferon- gamma-induced IL-12 secretion and CD40 expression in murine microglia. *J Neurochem*, **111**, 808-818.

Lin, M.L., Zhan, Y., Villadangos, J.A. & Lew, A.M. (2008) The cell biology of cross-presentation and the role of dendritic cell subsets. *Immunol Cell Biol*, **86**, 353-362.

Ling, C., Sandor, M. & Fabry, Z. (2003) In situ processing and distribution of intracerebrally injected OVA in the CNS. *J Neuroimmunol*, **141**, 90-98.

Lipton, S.A., Choi, Y.B., Pan, Z.H., Lei, S.Z., Chen, H.S., Sucher, N.J., Loscalzo, J., Singel, D.J. & Stamler, J.S. (1993) A redox-based mechanism for the neuroprotective and neurodestructive effects of nitric oxide and related nitroso-compounds. *Nature*, **364**, 626-632.

Lodge, P.A. & Sriram, S. (1996) Regulation of microglial activation by TGF-beta, IL-10, and CSF-1. *J Leukoc Biol*, **60**, 502-508.

Lohr, J., Knoechel, B. & Abbas, A.K. (2006) Regulatory T cells in the periphery. *Immunol Rev*, **212**, 149-162.

Loo, Y.M. & Gale, M., Jr. (2011) Immune signaling by RIG-I-like receptors. *Immunity*, **34**, 680-692.

Lowin, B., Hahne, M., Mattmann, C. & Tschopp, J. (1994) Cytolytic T-cell cytotoxicity is mediated through perforin and Fas lytic pathways. *Nature*, **370**, 650-652.

Luo, X., Budihardjo, I., Zou, H., Slaughter, C. & Wang, X. (1998) Bid, a Bcl2 interacting protein, mediates cytochrome c release from mitochondria in response to activation of cell surface death receptors. *Cell*, **94**, 481-490.

Luwor, R.B., Kaye, A.H. & Zhu, H.J. (2008) Transforming growth factor-beta (TGF-beta) and brain tumours. *J Clin Neurosci*, **15**, 845-855.

Maatta, A.M., Samaranayake, H., Pikkarainen, J., Wirth, T. & Yla-Herttuala, S. (2009) Adenovirus mediated herpes simplex virus-thymidine kinase/ganciclovir gene therapy for resectable malignant glioma. *Curr Gene Ther*, **9**, 356-367.

MacConmara, M.P., Tajima, G., O'Leary, F., Delisle, A.J., McKenna, A.M., Stallwood, C.G., Mannick, J.A. & Lederer, J.A. (2011) Regulatory T cells suppress antigen-driven CD4 T cell reactivity following injury. *J Leukoc Biol*, **89**, 137-147.

Mack, C.L., Vanderlugt-Castaneda, C.L., Neville, K.L. & Miller, S.D. (2003) Microglia are activated to become competent antigen presenting and effector cells in the inflammatory environment of the Theiler's virus model of multiple sclerosis. *J Neuroimmunol*, **144**, 68-79.

MacMicking, J., Xie, Q.W. & Nathan, C. (1997) Nitric oxide and macrophage function. *Annu Rev Immunol*, **15**, 323-350.

Madinier, A., Bertrand, N., Mossiat, C., Prigent-Tessier, A., Beley, A., Marie, C. & Garnier, P. (2009) Microglial involvement in neuroplastic changes following focal brain ischemia in rats. *PLoS One*, **4**, e8101.

Madsen, S.J. & Hirschberg, H. (2010) Site-specific opening of the blood-brain barrier. *J Biophotonics*, **3**, 356-367.

Maes, W. & Van Gool, S.W. (2011) Experimental immunotherapy for malignant glioma: lessons from two decades of research in the GL261 model. *Cancer Immunol Immunother*, **60**, 153-160.

Magnus, T., Chan, A., Grauer, O., Toyka, K.V. & Gold, R. (2001) Microglial phagocytosis of apoptotic inflammatory T cells leads to down-regulation of microglial immune activation. *J Immunol*, **167**, 5004-5010.

Mahic, M., Yaqub, S., Johansson, C.C., Tasken, K. & Aandahl, E.M. (2006) FOXP3+CD4+CD25+ adaptive regulatory T cells express cyclooxygenase-2 and suppress effector T cells by a prostaglandin E2-dependent mechanism. *J Immunol*, **177**, 246-254.

Malaguarnera, L. (2004) Implications of apoptosis regulators in tumorigenesis. *Cancer Metastasis Rev*, **23**, 367-387.

Mantovani, A., Sica, A. & Locati, M. (2005) Macrophage polarization comes of age. *Immunity*, **23**, 344-346.

Mantovani, A., Sica, A., Sozzani, S., Allavena, P., Vecchi, A. & Locati, M. (2004) The chemokine system in diverse forms of macrophage activation and polarization. *Trends Immunol*, **25**, 677-686.

Mantovani, A., Sozzani, S., Locati, M., Allavena, P. & Sica, A. (2002) Macrophage polarization: tumor-associated macrophages as a paradigm for polarized M2 mononuclear phagocytes. *Trends Immunol*, **23**, 549-555.

Marin-Teva, J.L., Dusart, I., Colin, C., Gervais, A., van Rooijen, N. & Mallat, M. (2004) Microglia promote the death of developing Purkinje cells. *Neuron*, **41**, 535-547.

Martin, S.J. & Green, D.R. (1995) Apoptosis and cancer: the failure of controls on cell death and cell survival. *Crit Rev Oncol Hematol*, **18**, 137-153.

Massague, J. (1998) TGF-beta signal transduction. *Annu Rev Biochem*, **67**, 753-791.

Massague, J. (2008) TGFbeta in Cancer. *Cell*, **134**, 215-230.

Masson, F., Calzascia, T., Di Berardino-Besson, W., de Tribolet, N., Dietrich, P.Y. & Walker, P.R. (2007) Brain microenvironment promotes the final functional maturation of tumor-specific effector CD8+ T cells. *Journal of immunology*, **179**, 845-853.

Matyszak, M.K., Denis-Donini, S., Citterio, S., Longhi, R., Granucci, F. & Ricciardi-Castagnoli, P. (1999) Microglia induce myelin basic protein-specific T cell anergy or T cell activation, according to their state of activation. *Eur J Immunol*, **29**, 3063-3076.

Matyszak, M.K. & Perry, V.H. (1996) The potential role of dendritic cells in immune-mediated inflammatory diseases in the central nervous system. *Neuroscience*, **74**, 599-608.

McDonald, J.D. & Dohrmann, G.J. (1988) Molecular biology of brain tumors. *Neurosurgery*, **23**, 537-544.

McGirt, M.J., Than, K.D., Weingart, J.D., Chaichana, K.L., Attenello, F.J., Olivi, A., Laterra, J., Kleinberg, L.R., Grossman, S.A., Brem, H. & Quinones-Hinojosa, A. (2009) Gliadel (BCNU) wafer plus concomitant temozolomide therapy after primary resection of glioblastoma multiforme. *J Neurosurg*, **110**, 583-588.

McKercher, S.R., Torbett, B.E., Anderson, K.L., Henkel, G.W., Vestal, D.J., Baribault, H., Klemsz, M., Feeney, A.J., Wu, G.E., Paige, C.J. & Maki, R.A. (1996) Targeted disruption of the PU.1 gene results in multiple hematopoietic abnormalities. *Embo J*, **15**, 5647-5658.

McMenamin, P.G. (1999) Distribution and phenotype of dendritic cells and resident tissue macrophages in the dura mater, leptomeninges, and choroid plexus of the rat brain as demonstrated in wholemount preparations. *J Comp Neurol*, **405**, 553-562.

McMenamin, P.G., Wealthall, R.J., Deverall, M., Cooper, S.J. & Griffin, B. (2003) Macrophages and dendritic cells in the rat meninges and choroid plexus: three-dimensional localisation by environmental scanning electron microscopy and confocal microscopy. *Cell Tissue Res*, **313**, 259-269.

Medawar, P.B. (1948) Immunity to homologous grafted skin; the fate of skin homografts transplanted to the brain, to subcutaneous tissue, and to the anterior chamber of the eye. *Br J Exp Pathol*, **29**, 58-69.

Medema, J.P., Scaffidi, C., Kischkel, F.C., Shevchenko, A., Mann, M., Krammer, P.H. & Peter, M.E. (1997) FLICE is activated by association with the CD95 death-inducing signaling complex (DISC). *Embo J*, **16**, 2794-2804.

Medzhitov, R., Preston-Hurlburt, P. & Janeway, C.A., Jr. (1997) A human homologue of the Drosophila Toll protein signals activation of adaptive immunity. *Nature*, **388**, 394-397.

Meng, Y., Carpentier, A.F., Chen, L., Boisserie, G., Simon, J.M., Mazeron, J.J. & Delattre, J.Y. (2005) Successful combination of local CpG-ODN and radiotherapy in malignant glioma. *International journal of cancer*, **116**, 992-997.

Meng, Y., Kujas, M., Marie, Y., Paris, S., Thillet, J., Delattre, J.Y. & Carpentier, A.F. (2008) Expression of TLR9 within human glioblastoma. *Journal of neuro-oncology*, **88**, 19-25.

Messner, M.C. & Cabot, M.C. (2010) Glucosylceramide in humans. *Adv Exp Med Biol*, **688**, 156-164.

Michelucci, A., Heurtaux, T., Grandbarbe, L., Morga, E. & Heuschling, P. (2009) Characterization of the microglial phenotype under specific pro-inflammatory and anti-inflammatory conditions: Effects of oligomeric and fibrillar amyloid-beta. *J Neuroimmunol*, **210**, 3-12.

Mildenberger, M., Beach, T.G., McGeer, E.G. & Ludgate, C.M. (1990a) An animal model of prophylactic cranial irradiation: histologic effects at acute, early and delayed stages. *Int J Radiat Oncol Biol Phys*, **18**, 1051-1060.

Mildenberger, M., Beach, T.G., McGeer, E.G. & Ludgate, C.M. (1990b) An animal model of prophylactic cranial irradiation: histologic effects at acute, early and delayed stages. *International journal of radiation oncology, biology, physics*, **18**, 1051-1060.

Miller, B.A., Crum, J.M., Tovar, C.A., Ferguson, A.R., Bresnahan, J.C. & Beattie, M.S. (2007) Developmental stage of oligodendrocytes determines their response to activated microglia in vitro. *J Neuroinflammation*, **4**, 28.

Mills, K.H. (2004) Regulatory T cells: friend or foe in immunity to infection? *Nat Rev Immunol*, **4**, 841-855.

Minghetti, L., Polazzi, E., Nicolini, A. & Levi, G. (1998) Opposite regulation of prostaglandin E2 synthesis by transforming growth factor-beta1 and interleukin 10 in activated microglial cultures. *J Neuroimmunol*, **82**, 31-39.

Misra, N., Bayry, J., Lacroix-Desmazes, S., Kazatchkine, M.D. & Kaveri, S.V. (2004) Cutting edge: human CD4+CD25+ T cells restrain the maturation and antigen-presenting function of dendritic cells. *J Immunol*, **172**, 4676-4680.

Mittaud, P., Labourdette, G., Zingg, H. & Guenot-Di Scala, D. (2002) Neurons modulate oxytocin receptor expression in rat cultured astrocytes: involvement of TGF-beta and membrane components. *Glia*, **37**, 169-177.

Mittelbronn, M., Dietz, K., Schluesener, H.J. & Meyermann, R. (2001) Local distribution of microglia in the normal adult human central nervous system differs by up to one order of magnitude. *Acta Neuropathol*, **101**, 249-255.

Miwa, T., Furukawa, S., Nakajima, K., Furukawa, Y. & Kohsaka, S. (1997) Lipopolysaccharide enhances synthesis of brain-derived neurotrophic factor in cultured rat microglia. *J Neurosci Res*, **50**, 1023-1029.

Miyara, M. & Sakaguchi, S. (2007) Natural regulatory T cells: mechanisms of suppression. *Trends Mol Med*, **13**, 108-116.

Mocellin, S., Mandruzzato, S., Bronte, V., Lise, M. & Nitti, D. (2004a) Part I: Vaccines for solid tumours. *Lancet Oncol*, **5**, 681-689.

Mocellin, S., Semenzato, G., Mandruzzato, S. & Riccardo Rossi, C. (2004b) Part II: Vaccines for haematological malignant disorders. *Lancet Oncol*, **5**, 727-737.

Monje, M.L., Mizumatsu, S., Fike, J.R. & Palmer, T.D. (2002a) Irradiation induces neural precursor-cell dysfunction. *Nature medicine*, **8**, 955-962.

Monje, M.L., Mizumatsu, S., Fike, J.R. & Palmer, T.D. (2002b) Irradiation induces neural precursor-cell dysfunction. *Nat Med*, **8**, 955-962.

Montero-Menei, C.N., Sindji, L., Garcion, E., Mege, M., Couez, D., Gamelin, E. & Darcy, F. (1996) Early events of the inflammatory reaction induced in rat brain by lipopolysaccharide intracerebral injection: relative contribution of peripheral monocytes and activated microglia. *Brain research*, **724**, 55-66.

Moore, S.C., McCormack, J.M., Armendariz, E., Gatewood, J. & Walker, W.S. (1992) Phenotypes and alloantigen-presenting activity of individual clones of microglia derived from the mouse brain. *J Neuroimmunol*, **41**, 203-214.

Morales, A., Lee, H., Goni, F.M., Kolesnick, R. & Fernandez-Checa, J.C. (2007) Sphingolipids and cell death. *Apoptosis*, **12**, 923-939.

Morgan, D.A., Ruscetti, F.W. & Gallo, R. (1976) Selective in vitro growth of T lymphocytes from normal human bone marrows. *Science*, **193**, 1007-1008.

Moriyama, T., Kataoka, H., Koono, M. & Wakisaka, S. (1999) Expression of hepatocyte growth factor/scatter factor and its receptor c-Met in brain tumors: evidence for a role in progression of astrocytic tumors (Review). *Int J Mol Med*, **3**, 531-536.

Mougiakakos, D., Choudhury, A., Lladser, A., Kiessling, R. & Johansson, C.C. (2010) Regulatory T cells in cancer. *Adv Cancer Res*, **107**, 57-117.

Moynagh, P.N. (2005) TLR signalling and activation of IRFs: revisiting old friends from the NF-kappaB pathway. *Trends Immunol*, **26**, 469-476.

Mukhopadhyay, S. & Gordon, S. (2004) The role of scavenger receptors in pathogen recognition and innate immunity. *Immunobiology*, **209**, 39-49.

Munn, D.H., Shafizadeh, E., Attwood, J.T., Bondarev, I., Pashine, A. & Mellor, A.L. (1999) Inhibition of T cell proliferation by macrophage tryptophan catabolism. *J Exp Med*, **189**, 1363-1372.

Munn, D.H., Sharma, M.D., Baban, B., Harding, H.P., Zhang, Y., Ron, D. & Mellor, A.L. (2005) GCN2 kinase in T cells mediates proliferative arrest and anergy induction in response to indoleamine 2,3-dioxygenase. *Immunity*, **22**, 633-642.

Munn, D.H., Zhou, M., Attwood, J.T., Bondarev, I., Conway, S.J., Marshall, B., Brown, C. & Mellor, A.L. (1998) Prevention of allogeneic fetal rejection by tryptophan catabolism. *Science*, **281**, 1191-1193.

Murdoch, C., Muthana, M., Coffelt, S.B. & Lewis, C.E. (2008) The role of myeloid cells in the promotion of tumour angiogenesis. *Nat Rev Cancer*, **8**, 618-631.

Muzio, M., Chinnaiyan, A.M., Kischkel, F.C., O'Rourke, K., Shevchenko, A., Ni, J., Scaffidi, C., Bretz, J.D., Zhang, M., Gentz, R., Mann, M., Krammer, P.H., Peter, M.E. & Dixit, V.M. (1996) FLICE, a novel FADD-homologous ICE/CED-3-like protease, is recruited to the CD95 (Fas/APO-1) death--inducing signaling complex. *Cell*, **85**, 817-827.

Nabors, L.B., Mikkelsen, T., Rosenfeld, S.S., Hochberg, F., Akella, N.S., Fisher, J.D., Cloud, G.A., Zhang, Y., Carson, K., Wittemer, S.M., Colevas, A.D. & Grossman, S.A. (2007) Phase I and correlative biology study of cilengitide in patients with recurrent malignant glioma. *J Clin Oncol*, **25**, 1651-1657.

Nagai, Y., Akashi, S., Nagafuku, M., Ogata, M., Iwakura, Y., Akira, S., Kitamura, T., Kosugi, A., Kimoto, M. & Miyake, K. (2002) Essential role of MD-2 in LPS responsiveness and TLR4 distribution. *Nat Immunol*, **3**, 667-672.

Nagase, H., Okugawa, S., Ota, Y., Yamaguchi, M., Tomizawa, H., Matsushima, K., Ohta, K., Yamamoto, K. & Hirai, K. (2003) Expression and function of Toll-like receptors in eosinophils: activation by Toll-like receptor 7 ligand. *J Immunol*, **171**, 3977-3982.

Nakabayashi, H., Nakashima, M., Hara, M., Toyonaga, S., Yamada, S.M., Park, K.C. & Shimizu, K. (2007) Clinico-pathological significance of RCAS1 expression in gliomas: a potential mechanism of tumor immune escape. *Cancer Lett*, **246**, 182-189.

Nakajima, K., Honda, S., Tohyama, Y., Imai, Y., Kohsaka, S. & Kurihara, T. (2001) Neurotrophin secretion from cultured microglia. *J Neurosci Res*, **65**, 322-331.

Nakamura, K., Kitani, A. & Strober, W. (2001) Cell contact-dependent immunosuppression by CD4(+)CD25(+) regulatory T cells is mediated by cell surface-bound transforming growth factor beta. *J Exp Med*, **194**, 629-644.

Napoli, I. & Neumann, H. (2009) Microglial clearance function in health and disease. *Neuroscience*, **158**, 1030-1038.

Nataf, S., Strazielle, N., Hatterer, E., Mouchiroud, G., Belin, M.F. & Ghersi-Egea, J.F. (2006) Rat choroid plexuses contain myeloid progenitors capable of differentiation toward macrophage or dendritic cell phenotypes. *Glia*, **54**, 160-171.

Nathoo, N., Barnett, G.H. & Golubic, M. (2004) The eicosanoid cascade: possible role in gliomas and meningiomas. *J Clin Pathol*, **57**, 6-13.

Neumann, H., Boucraut, J., Hahnel, C., Misgeld, T. & Wekerle, H. (1996) Neuronal control of MHC class II inducibility in rat astrocytes and microglia. *Eur J Neurosci*, **8**, 2582-2590.

Neumann, H., Misgeld, T., Matsumuro, K. & Wekerle, H. (1998) Neurotrophins inhibit major histocompatibility class II inducibility of microglia: involvement of the p75 neurotrophin receptor. *Proc Natl Acad Sci U S A*, **95**, 5779-5784.

Neveu, I., Naveilhan, P., Baudet, C., Brachet, P. & Metsis, M. (1994a) 1,25-dihydroxyvitamin D3 regulates NT-3, NT-4 but not BDNF mRNA in astrocytes. *Neuroreport*, **6**, 124-126.

Neveu, I., Naveilhan, P., Jehan, F., Baudet, C., Wion, D., De Luca, H.F. & Brachet, P. (1994b) 1,25-dihydroxyvitamin D3 regulates the synthesis of nerve growth factor in primary cultures of glial cells. *Brain Res Mol Brain Res*, **24**, 70-76.

Neveu, I., Naveilhan, P., Menaa, C., Wion, D., Brachet, P. & Garabedian, M. (1994c) Synthesis of 1,25-dihydroxyvitamin D3 by rat brain macrophages in vitro. *J Neurosci Res*, **38**, 214-220.

Newman, T.A., Galea, I., van Rooijen, N. & Perry, V.H. (2005) Blood-derived dendritic cells in an acute brain injury. *J Neuroimmunol*, **166**, 167-172.

Nicholas, R., Stevens, S., Wing, M. & Compston, A. (2003) Oligodendroglial-derived stress signals recruit microglia in vitro. *Neuroreport*, **14**, 1001-1005.

Nicolson, K.S., O'Neill, E.J., Sundstedt, A., Streeter, H.B., Minaee, S. & Wraith, D.C. (2006) Antigen-induced IL-10+ regulatory T cells are independent of CD25+ regulatory cells for their growth, differentiation, and function. *J Immunol*, **176**, 5329-5337.

Nikcevich, K.M., Gordon, K.B., Tan, L., Hurst, S.D., Kroepfl, J.F., Gardinier, M., Barrett, T.A. & Miller, S.D. (1997) IFN-gamma-activated primary murine astrocytes express B7 costimulatory molecules and prime naive antigen-specific T cells. *J Immunol*, **158**, 614-621.

Nimmerjahn, A., Kirchhoff, F. & Helmchen, F. (2005) Resting microglial cells are highly dynamic surveillants of brain parenchyma in vivo. *Science*, **308**, 1314-1318.

Nishikawa, M., Takemoto, S. & Takakura, Y. (2008) Heat shock protein derivatives for delivery of antigens to antigen presenting cells. *Int J Pharm*, **354**, 23-27.

Norbury, C.C., Chambers, B.J., Prescott, A.R., Ljunggren, H.G. & Watts, C. (1997) Constitutive macropinocytosis allows TAP-dependent major histocompatibility complex class I presentation of exogenous soluble antigen by bone marrow-derived dendritic cells. *Eur J Immunol*, **27**, 280-288.

O'Keefe, G.M., Nguyen, V.T. & Benveniste, E.N. (1999) Class II transactivator and class II MHC gene expression in microglia: modulation by the cytokines TGF-beta, IL-4, IL-13 and IL-10. *Eur J Immunol*, **29**, 1275-1285.

O'Neill, L.A. (2008) The interleukin-1 receptor/Toll-like receptor superfamily: 10 years of progress. *Immunol Rev*, **226**, 10-18.

Olivi, A., Gilbert, M., Duncan, K.L., Corden, B., Lenartz, D. & Brem, H. (1993) Direct delivery of platinum-based antineoplastics to the central nervous system: a toxicity and ultrastructural study. *Cancer Chemother Pharmacol*, **31**, 449-454.

Olson, J.K., Girvin, A.M. & Miller, S.D. (2001) Direct activation of innate and antigen-presenting functions of microglia following infection with Theiler's virus. *J Virol*, **75**, 9780-9789.

Olson, J.K., Ludovic Croxford, J. & Miller, S.D. (2004) Innate and adaptive immune requirements for induction of autoimmune demyelinating disease by molecular mimicry. *Molecular immunology*, **40**, 1103-1108.

Olson, J.K. & Miller, S.D. (2004) Microglia initiate central nervous system innate and adaptive immune responses through multiple TLRs. *J Immunol*, **173**, 3916-3924.

Palmer, M.T. & Weaver, C.T. (2010) Autoimmunity: increasing suspects in the CD4+ T cell lineup. *Nat Immunol*, **11**, 36-40.

Palucka, A.K., Laupeze, B., Aspord, C., Saito, H., Jego, G., Fay, J., Paczesny, S., Pascual, V. &

Banchereau, J. (2005) Immunotherapy via dendritic cells. *Adv Exp Med Biol*, **560**, 105-114.

Park, H.Y., Wakefield, L.M. & Mamura, M. (2009) Regulation of tumor immune surveillance and tumor immune subversion by tgf-Beta. *Immune Netw*, **9**, 122-126.

Parkin, D.M. (2001) Global cancer statistics in the year 2000. *Lancet Oncol*, **2**, 533-543.

Pasare, C. & Medzhitov, R. (2005) Control of B-cell responses by Toll-like receptors. *Nature*, **438**, 364-368.

Peiser, L., De Winther, M.P., Makepeace, K., Hollinshead, M., Coull, P., Plested, J., Kodama, T., Moxon, E.R. & Gordon, S. (2002a) The class A macrophage scavenger receptor is a major pattern recognition receptor for Neisseria meningitidis which is independent of lipopolysaccharide and not required for secretory responses. *Infect Immun*, **70**, 5346-5354.

Peiser, L., Mukhopadhyay, S. & Gordon, S. (2002b) Scavenger receptors in innate immunity. *Curr Opin Immunol*, **14**, 123-128.

Pellegatta, S., Poliani, P.L., Stucchi, E., Corno, D., Colombo, C.A., Orzan, F., Ravanini, M. & Finocchiaro, G. (2010) Intra-tumoral dendritic cells increase efficacy of peripheral vaccination by modulation of glioma microenvironment. *Neuro-oncology*, **12**, 377-388.

Penna, G. & Adorini, L. (2000) 1 Alpha,25-dihydroxyvitamin D3 inhibits differentiation, maturation, activation, and survival of dendritic cells leading to impaired alloreactive T cell activation. *J Immunol*, **164**, 2405-2411.

Pennell, N.A. & Streit, W.J. (1997) Colonization of neural allografts by host microglial cells: relationship to graft neovascularization. *Cell Transplant*, **6**, 221-230.

Peppiatt, C.M., Howarth, C., Mobbs, P. & Attwell, D. (2006) Bidirectional control of CNS capillary diameter by pericytes. *Nature*, **443**, 700-704.

Pere, H., Montier, Y., Bayry, J., Quintin-Colonna, F., Merillon, N., Dransart, E., Badoual, C., Gey, A., Ravel, P., Marcheteau, E., Batteux, F., Sandoval, F., Adotevi, O., Chiu, C., Garcia, S., Tanchot, C., Lone, Y.C., Ferreira, L.C., Nelson, B., Hanahan, D., Fridman, W.H., Johannes, L. & Tartour, E. (2011) A CCR4 antagonist combined with vaccines induce antigen-specific CD8+ T cells and tumor immunity against self antigens. *Blood*.

Philpott, D.J. & Girardin, S.E. (2010) Nod-like receptors: sentinels at host membranes. *Curr Opin Immunol*, **22**, 428-434.

Piccirillo, C.A. & Shevach, E.M. (2001) Cutting edge: control of CD8+ T cell activation by CD4+CD25+ immunoregulatory cells. *J Immunol*, **167**, 1137-1140.

Piemonti, L., Monti, P., Sironi, M., Fraticelli, P., Leone, B.E., Dal Cin, E., Allavena, P. & Di Carlo, V. (2000) Vitamin D3 affects differentiation, maturation, and function of human monocyte-derived dendritic cells. *J Immunol*, **164**, 4443-4451.

Pitti, R.M., Marsters, S.A., Lawrence, D.A., Roy, M., Kischkel, F.C., Dowd, P., Huang, A., Donahue, C.J., Sherwood, S.W., Baldwin, D.T., Godowski, P.J., Wood, W.I., Gurney, A.L., Hillan, K.J., Cohen, R.L., Goddard, A.D., Botstein, D. & Ashkenazi, A. (1998) Genomic amplification of a decoy receptor for Fas ligand in lung and colon cancer. *Nature*, **396**, 699-703.

Plate, K.H., Breier, G., Weich, H.A. & Risau, W. (1992) Vascular endothelial growth factor is a potential tumour angiogenesis factor in human gliomas in vivo. *Nature*, **359**, 845-848.

Platt, N., da Silva, R.P. & Gordon, S. (1999) Class A scavenger receptors and the phagocytosis of apoptotic cells. *Immunol Lett*, **65**, 15-19.

Platt, N., Suzuki, H., Kurihara, Y., Kodama, T. & Gordon, S. (1996) Role for the class A macrophage scavenger receptor in the phagocytosis of apoptotic thymocytes in vitro. *Proc Natl Acad Sci U S A*, **93**, 12456-12460.

Platten, M., Kretz, A., Naumann, U., Aulwurm, S., Egashira, K., Isenmann, S. & Weller, M. (2003) Monocyte chemoattractant protein-1 increases microglial infiltration and aggressiveness of gliomas. *Ann Neurol*, **54**, 388-392.

Platten, M. & Steinman, L. (2005a) Multiple sclerosis: trapped in deadly glue. *Nat Med*, **11**, 252-253.

Platten, M. & Steinman, L. (2005b) Multiple sclerosis: trapped in deadly glue. *Nature medicine*, **11**, 252-253.

Polfliet, M.M., Goede, P.H., van Kesteren-Hendrikx, E.M., van Rooijen, N., Dijkstra, C.D. & van den Berg, T.K. (2001) A method for the selective depletion of perivascular and meningeal macrophages in the central nervous system. *J Neuroimmunol*, **116**, 188-195.

Pollard, J.W. (2009) Trophic macrophages in development and disease. *Nat Rev Immunol*, **9**, 259-270.

Ponomarev, E.D., Shriver, L.P. & Dittel, B.N. (2006a) CD40 expression by microglial cells is required for their completion of a two-step activation process during central nervous system autoimmune inflammation. *J Immunol*, **176**, 1402-1410.

Ponomarev, E.D., Shriver, L.P. & Dittel, B.N. (2006b) CD40 expression by microglial cells is required for their completion of a two-step activation process during central nervous system autoimmune inflammation. *J Immunol*, **176**, 1402-1410.

Ponomarev, E.D., Shriver, L.P., Maresz, K. & Dittel, B.N. (2005a) Microglial cell activation and proliferation precedes the onset of CNS autoimmunity. *J Neurosci Res*, **81**, 374-389.

Ponomarev, E.D., Shriver, L.P., Maresz, K. & Dittel, B.N. (2005b) Microglial cell activation and proliferation precedes the onset of CNS autoimmunity. *Journal of neuroscience research*, **81**, 374-389.

Poulaki, V., Mitsiades, C.S. & Mitsiades, N. (2001) The role of Fas and FasL as mediators of anticancer chemotherapy. *Drug Resist Updat*, **4**, 233-242.

Pratt, B.M. & McPherson, J.M. (1997) TGF-beta in the central nervous system: potential roles in ischemic injury and neurodegenerative diseases. *Cytokine Growth Factor Rev*, **8**, 267-292.

Priller, J., Prinz, M., Heikenwalder, M., Zeller, N., Schwarz, P., Heppner, F.L. & Aguzzi, A. (2006) Early and rapid engraftment of bone marrow-derived microglia in scrapie. *J Neurosci*, **26**, 11753-11762.

Prins, R.M., Vo, D.D., Khan-Farooqi, H., Yang, M.Y., Soto, H., Economou, J.S., Liau, L.M. & Ribas, A. (2006) NK and CD4 cells collaborate to protect against melanoma tumor formation in the brain. *J Immunol*, **177**, 8448-8455.

Prinz, M. & Mildner, A. (2011) Microglia in the CNS: immigrants from another world. *Glia*, **59**, 177-187.

Qiu, B., Zhang, D., Wang, C., Tao, J., Tie, X., Qiao, Y., Xu, K., Wang, Y. & Wu, A. (2011) IL-10 and TGF-beta2 are overexpressed in tumor spheres cultured from human gliomas. *Mol Biol Rep*, **38**, 3585-3591.

Rad, R., Brenner, L., Bauer, S., Schwendy, S., Layland, L., da Costa, C.P., Reindl, W., Dossumbekova, A., Friedrich, M., Saur, D., Wagner, H., Schmid, R.M. & Prinz, C. (2006) CD25+/Foxp3+ T cells regulate gastric inflammation and Helicobacter pylori colonization in vivo. *Gastroenterology*, **131**, 525-537.

Raghavan, M., Del Cid, N., Rizvi, S.M. & Peters, L.R. (2008) MHC class I assembly: out and about. *Trends Immunol*, **29**, 436-443.

Ramsauer, M., Krause, D. & Dermietzel, R. (2002) Angiogenesis of the blood-brain barrier in vitro and the function of cerebral pericytes. *Faseb J*, **16**, 1274-1276.

Randolph, G.J., Jakubzick, C. & Qu, C. (2008a) Antigen presentation by monocytes and monocyte-derived cells. *Current opinion in immunology*, **20**, 52-60.

Randolph, G.J., Jakubzick, C. & Qu, C. (2008b) Antigen presentation by monocytes and monocyte-derived cells. *Curr Opin Immunol*, **20**, 52-60.

Ransohoff, R.M. & Cardona, A.E. (2010) The myeloid cells of the central nervous system parenchyma. *Nature*, **468**, 253-262.

Ransohoff, R.M., Kivisakk, P. & Kidd, G. (2003) Three or more routes for leukocyte migration into the central nervous system. *Nat Rev Immunol*, **3**, 569-581.

Ransohoff, R.M. & Perry, V.H. (2009) Microglial physiology: unique stimuli, specialized responses. *Annu Rev Immunol*, **27**, 119-145.

Rao, K. & Lund, R.D. (1993) Optic nerve degeneration induces the expression of MHC antigens in the rat visual system. *J Comp Neurol*, **336**, 613-627.

Re, F., Belyanskaya, S.L., Riese, R.J., Cipriani, B., Fischer, F.R., Granucci, F., Ricciardi-Castagnoli, P., Brosnan, C., Stern, L.J., Strominger, J.L. & Santambrogio, L. (2002a) Granulocyte-macrophage colony-stimulating factor induces an expression program in neonatal microglia that primes them for antigen presentation. *J Immunol*, **169**, 2264-2273.

Re, F., Belyanskaya, S.L., Riese, R.J., Cipriani, B., Fischer, F.R., Granucci, F., Ricciardi-Castagnoli, P., Brosnan, C., Stern, L.J., Strominger, J.L. & Santambrogio, L. (2002b) Granulocyte-macrophage colony-stimulating factor induces an expression program in neonatal microglia that primes them for antigen presentation. *J Immunol*, **169**, 2264-2273.

Rech, A.J. & Vonderheide, R.H. (2009a) Clinical use of anti-CD25 antibody daclizumab to enhance immune responses to tumor antigen vaccination by targeting regulatory T cells. *Ann N Y Acad Sci*, **1174**, 99-106.

Rech, A.J. & Vonderheide, R.H. (2009b) Clinical use of anti-CD25 antibody daclizumab to enhance immune responses to tumor antigen vaccination by targeting regulatory T cells. *Annals of the New York Academy of Sciences*, **1174**, 99-106.

Reed, J.C. (1999) Dysregulation of apoptosis in cancer. *J Clin Oncol*, **17**, 2941-2953.

Reichert, F. & Rotshenker, S. (2003) Complement-receptor-3 and scavenger-receptor-AI/II mediated myelin phagocytosis in microglia and macrophages. *Neurobiol Dis*, **12**, 65-72.

Reichmann, G., Schroeter, M., Jander, S. & Fischer, H.G. (2002a) Dendritic cells and dendritic-like microglia in focal cortical ischemia of the mouse brain. *Journal of neuroimmunology*, **129**, 125-132.

Reichmann, G., Schroeter, M., Jander, S. & Fischer, H.G. (2002b) Dendritic cells and dendritic-like microglia in focal cortical ischemia of the mouse brain. *J Neuroimmunol*, **129**, 125-132.

Rezaie, P. & Male, D. (2002) Mesoglia & microglia--a historical review of the concept of mononuclear phagocytes within the central nervous system. *J Hist Neurosci*, **11**, 325-374.

Riol-Blanco, L., Sanchez-Sanchez, N., Torres, A., Tejedor, A., Narumiya, S., Corbi, A.L., Sanchez-Mateos, P. & Rodriguez-Fernandez, J.L. (2005) The chemokine receptor CCR7 activates in dendritic cells two signaling modules that independently regulate chemotaxis and migratory speed. *J Immunol*, **174**, 4070-4080.

Rivest, S. (2009) Regulation of innate immune responses in the brain. *Nat Rev Immunol*, **9**, 429-439.

Rochlitz, C.F. (2001) Gene therapy of cancer. *Swiss Med Wkly*, **131**, 4-9.

Rock, K.L., Farfan-Arribas, D.J. & Shen, L. (2010) Proteases in MHC class I presentation and cross-presentation. *J Immunol*, **184**, 9-15.

Rock, K.L. & Shen, L. (2005) Cross-presentation: underlying mechanisms and role in immune surveillance. *Immunol Rev*, **207**, 166-183.

Roda, J.M., Parihar, R. & Carson, W.E., 3rd (2005) CpG-containing oligodeoxynucleotides act through

TLR9 to enhance the NK cell cytokine response to antibody-coated tumor cells. *J Immunol*, **175**, 1619-1627.

Rogers, J., Strohmeyer, R., Kovelowski, C.J. & Li, R. (2002) Microglia and inflammatory mechanisms in the clearance of amyloid beta peptide. *Glia*, **40**, 260-269.

Roggendorf, W., Strupp, S. & Paulus, W. (1996) Distribution and characterization of microglia/macrophages in human brain tumors. *Acta Neuropathol*, **92**, 288-293.

Ronellenfitsch, M.W., Steinbach, J.P. & Wick, W. (2010) Epidermal growth factor receptor and mammalian target of rapamycin as therapeutic targets in malignant glioma: current clinical status and perspectives. *Target Oncol*, **5**, 183-191.

Roth, J., Dittmer, D., Rea, D., Tartaglia, J., Paoletti, E. & Levine, A.J. (1996) p53 as a target for cancer vaccines: recombinant canarypox virus vectors expressing p53 protect mice against lethal tumor cell challenge. *Proc Natl Acad Sci U S A*, **93**, 4781-4786.

Roth, J.A. & Cristiano, R.J. (1997) Gene therapy for cancer: what have we done and where are we going? *J Natl Cancer Inst*, **89**, 21-39.

Roth, W., Isenmann, S., Nakamura, M., Platten, M., Wick, W., Kleihues, P., Bahr, M., Ohgaki, H., Ashkenazi, A. & Weller, M. (2001) Soluble decoy receptor 3 is expressed by malignant gliomas and suppresses CD95 ligand-induced apoptosis and chemotaxis. *Cancer Res*, **61**, 2759-2765.

Rotshenker, S. (2003) Microglia and macrophage activation and the regulation of complement-receptor-3 (CR3/MAC-1)-mediated myelin phagocytosis in injury and disease. *J Mol Neurosci*, **21**, 65-72.

Rubin, L.L., Barbu, K., Bard, F., Cannon, C., Hall, D.E., Horner, H., Janatpour, M., Liaw, C., Manning, K., Morales, J. & et al. (1991) Differentiation of brain endothelial cells in cell culture. *Ann N Y Acad Sci*, **633**, 420-425.

Ruprecht, C.R. & Lanzavecchia, A. (2006) Toll-like receptor stimulation as a third signal required for activation of human naive B cells. *Eur J Immunol*, **36**, 810-816.

Sakaguchi, S. (2004) Naturally arising CD4+ regulatory t cells for immunologic self-tolerance and negative control of immune responses. *Annu Rev Immunol*, **22**, 531-562.

Sakaguchi, S. (2011) Regulatory T cells: history and perspective. *Methods Mol Biol*, **707**, 3-17.

Sakaguchi, S., Miyara, M., Costantino, C.M. & Hafler, D.A. (2010) FOXP3+ regulatory T cells in the human immune system. *Nat Rev Immunol*, **10**, 490-500.

Sakaguchi, S., Sakaguchi, N., Asano, M., Itoh, M. & Toda, M. (1995) Immunologic self-tolerance maintained by activated T cells expressing IL-2 receptor alpha-chains (CD25). Breakdown of a single mechanism of self-tolerance causes various autoimmune diseases. *Journal of immunology*, **155**, 1151-1164.

Sakai, K., Tabira, T., Endoh, M. & Steinman, L. (1986) Ia expression in chronic relapsing experimental allergic encephalomyelitis induced by long-term cultured T cell lines in mice. *Lab Invest*, **54**, 345-352.

Salcedo, R., Ponce, M.L., Young, H.A., Wasserman, K., Ward, J.M., Kleinman, H.K., Oppenheim, J.J. & Murphy, W.J. (2000) Human endothelial cells express CCR2 and respond to MCP-1: direct role of MCP-1 in angiogenesis and tumor progression. *Blood*, **96**, 34-40.

Sanchez-Sanchez, N., Riol-Blanco, L. & Rodriguez-Fernandez, J.L. (2006) The multiple personalities of the chemokine receptor CCR7 in dendritic cells. *J Immunol*, **176**, 5153-5159.

Santambrogio, L., Belyanskaya, S.L., Fischer, F.R., Cipriani, B., Brosnan, C.F., Ricciardi-Castagnoli, P., Stern, L.J., Strominger, J.L. & Riese, R. (2001) Developmental plasticity of CNS microglia. *Proc Natl Acad Sci U S A*, **98**, 6295-6300.

Sasaki, K., Zhu, X., Vasquez, C., Nishimura, F., Dusak, J.E., Huang, J., Fujita, M., Wesa, A., Potter, D.M., Walker, P.R., Storkus, W.J. & Okada, H. (2007) Preferential expression of very late antigen-4 on type 1 CTL cells plays a critical role in trafficking into central nervous system tumors. *Cancer Res*, **67**, 6451-6458.

Sato, K., Kawasaki, H., Nagayama, H., Serizawa, R., Ikeda, J., Morimoto, C., Yasunaga, K., Yamaji, N., Tadokoro, K., Juji, T. & Takahashi, T.A. (1999) CC chemokine receptors, CCR-1 and CCR-3, are potentially involved in antigen-presenting cell function of human peripheral blood monocyte-derived dendritic cells. *Blood*, **93**, 34-42.

Sato, Y. & Rifkin, D.B. (1989) Inhibition of endothelial cell movement by pericytes and smooth muscle cells: activation of a latent transforming growth factor-beta 1-like molecule by plasmin during co-culture. *J Cell Biol*, **109**, 309-315.

Satoh, J., Lee, Y.B. & Kim, S.U. (1995) T-cell costimulatory molecules B7-1 (CD80) and B7-2 (CD86) are expressed in human microglia but not in astrocytes in culture. *Brain Res*, **704**, 92-96.

Sawada, M., Suzumura, A., Hosoya, H., Marunouchi, T. & Nagatsu, T. (1999) Interleukin-10 inhibits both production of cytokines and expression of cytokine receptors in microglia. *J Neurochem*, **72**, 1466-1471.

Schartner, J.M., Hagar, A.R., Van Handel, M., Zhang, L., Nadkarni, N. & Badie, B. (2005) Impaired capacity for upregulation of MHC class II in tumor-associated microglia. *Glia*, **51**, 279-285.

Schmidt, N.O., Westphal, M., Hagel, C., Ergun, S., Stavrou, D., Rosen, E.M. & Lamszus, K. (1999) Levels of vascular endothelial growth factor, hepatocyte growth factor/scatter factor and basic fibroblast growth factor in human gliomas and their relation to angiogenesis. *Int J Cancer*, **84**, 10-18.

Schmitz, G., Leuthauser-Jaschinski, K. & Orso, E. (2009) Are circulating monocytes as microglia orthologues appropriate biomarker targets for neuronal diseases? *Central nervous system agents in medicinal chemistry*, **9**, 307-330.

Schreibelt, G., Tel, J., Sliepen, K.H., Benitez-Ribas, D., Figdor, C.G., Adema, G.J. & de Vries, I.J. (2010) Toll-like receptor expression and function in human dendritic cell subsets: implications for dendritic cell-based anti-cancer immunotherapy. *Cancer Immunol Immunother*, **59**, 1573-1582.

Schroeter, M. & Jander, S. (2005) T-cell cytokines in injury-induced neural damage and repair. *Neuromolecular Med*, **7**, 183-195.

Sedgwick, J.D., Mossner, R., Schwender, S. & ter Meulen, V. (1991) Major histocompatibility complex-expressing nonhematopoietic astroglial cells prime only CD8+ T lymphocytes: astroglial cells as perpetuators but not initiators of CD4+ T cell responses in the central nervous system. *J Exp Med*, **173**, 1235-1246.

Serafini, P., Mgebroff, S., Noonan, K. & Borrello, I. (2008) Myeloid-derived suppressor cells promote cross-tolerance in B-cell lymphoma by expanding regulatory T cells. *Cancer Res*, **68**, 5439-5449.

Serot, J.M., Bene, M.C., Foliguet, B. & Faure, G.C. (2000) Monocyte-derived IL-10-secreting dendritic cells in choroid plexus epithelium. *J Neuroimmunol*, **105**, 115-119.

Serot, J.M., Foliguet, B., Bene, M.C. & Faure, G.C. (1997) Ultrastructural and immunohistological evidence for dendritic-like cells within human choroid plexus epithelium. *Neuroreport*, **8**, 1995-1998.

Shalev, I., Schmelzle, M., Robson, S.C. & Levy, G. (2011) Making sense of regulatory T cell suppressive function. *Semin Immunol*.

Sharma, S., Yang, S.C., Zhu, L., Reckamp, K., Gardner, B., Baratelli, F., Huang, M., Batra, R.K. & Dubinett, S.M. (2005) Tumor cyclooxygenase-2/prostaglandin E2-dependent promotion of FOXP3 expression and CD4+ CD25+ T regulatory cell activities in lung cancer. *Cancer Res*, **65**, 5211-5220.

Shen, L. & Rock, K.L. (2006a) Priming of T cells by exogenous antigen cross-presented on MHC class I molecules. *Current opinion in immunology*, **18**, 85-91.

Shen, L. & Rock, K.L. (2006b) Priming of T cells by exogenous antigen cross-presented on MHC class I molecules. *Curr Opin Immunol*, **18**, 85-91.

Shevach, E.M. (2009) Mechanisms of foxp3+ T regulatory cell-mediated suppression. *Immunity*, **30**, 636-645.

Shin, M.S., Park, W.S., Kim, S.Y., Kim, H.S., Kang, S.J., Song, K.Y., Park, J.Y., Dong, S.M., Pi, J.H., Oh, R.R., Lee, J.Y., Yoo, N.J. & Lee, S.H. (1999) Alterations of Fas (Apo-1/CD95) gene in cutaneous malignant melanoma. *Am J Pathol*, **154**, 1785-1791.

Shrikant, P. & Benveniste, E.N. (1996) The central nervous system as an immunocompetent organ: role of glial cells in antigen presentation. *J Immunol*, **157**, 1819-1822.

Sica, A., Allavena, P. & Mantovani, A. (2008) Cancer related inflammation: the macrophage connection. *Cancer Lett*, **267**, 204-215.

Simard, A.R. & Rivest, S. (2004a) Bone marrow stem cells have the ability to populate the entire central nervous system into fully differentiated parenchymal microglia. *Faseb J*, **18**, 998-1000.

Simard, A.R. & Rivest, S. (2004b) Bone marrow stem cells have the ability to populate the entire central nervous system into fully differentiated parenchymal microglia. *Faseb J*, **18**, 998-1000.

Sivori, S., Carlomagno, S., Moretta, L. & Moretta, A. (2006) Comparison of different CpG oligodeoxynucleotide classes for their capability to stimulate human NK cells. *European journal of immunology*, **36**, 961-967.

Sivori, S., Falco, M., Della Chiesa, M., Carlomagno, S., Vitale, M., Moretta, L. & Moretta, A. (2004) CpG and double-stranded RNA trigger human NK cells by Toll-like receptors: induction of cytokine release and cytotoxicity against tumors and dendritic cells. *Proc Natl Acad Sci U S A*, **101**, 10116-10121.

Smith, M.E. (2001) Phagocytic properties of microglia in vitro: implications for a role in multiple sclerosis and EAE. *Microsc Res Tech*, **54**, 81-94.

Sonobe, Y., Yawata, I., Kawanokuchi, J., Takeuchi, H., Mizuno, T. & Suzumura, A. (2005) Production of IL-27 and other IL-12 family cytokines by microglia and their subpopulations. *Brain Res*, **1040**, 202-207.

Stacey, K.J., Sester, D.P., Sweet, M.J. & Hume, D.A. (2000) Macrophage activation by immunostimulatory DNA. *Curr Top Microbiol Immunol*, **247**, 41-58.

Stefanik, D.F., Rizkalla, L.R., Soi, A., Goldblatt, S.A. & Rizkalla, W.M. (1991) Acidic and basic fibroblast growth factors are present in glioblastoma multiforme and normal brain. *Ann N Y Acad Sci*, **638**, 477-480.

Steffen, B.J., Breier, G., Butcher, E.C., Schulz, M. & Engelhardt, B. (1996) ICAM-1, VCAM-1, and MAdCAM-1 are expressed on choroid plexus epithelium but not endothelium and mediate binding of lymphocytes in vitro. *Am J Pathol*, **148**, 1819-1838.

Stoll, G., Jander, S. & Schroeter, M. (1998) Inflammation and glial responses in ischemic brain lesions. *Prog Neurobiol*, **56**, 149-171.

Streit, W.J. (2001) Microglia and macrophages in the developing CNS. *Neurotoxicology*, **22**, 619-624.

Strommer, K., Hamou, M.F., Diggelmann, H. & de Tribolet, N. (1990) Cellular and tumoural heterogeneity of EGFR gene amplification in human malignant gliomas. *Acta Neurochir (Wien)*, **107**, 82-87.

Stupp, R., Mason, W.P., van den Bent, M.J., Weller, M., Fisher, B., Taphoorn, M.J., Belanger, K., Brandes, A.A., Marosi, C., Bogdahn, U., Curschmann, J., Janzer, R.C., Ludwin, S.K., Gorlia, T., Allgeier, A., Lacombe, D., Cairncross, J.G., Eisenhauer, E. & Mirimanoff, R.O. (2005) Radiotherapy plus concomitant and adjuvant temozolomide for glioblastoma. *N Engl J Med*, **352**, 987-996.

Suh, H.S., Kim, M.O. & Lee, S.C. (2005) Inhibition of granulocyte-macrophage colony-stimulating factor signaling and microglial proliferation by anti-CD45RO: role of Hck tyrosine kinase and phosphatidylinositol 3-kinase/Akt. *J Immunol*, **174**, 2712-2719.

Sun, J.C. & Lanier, L.L. (2009) Natural killer cells remember: an evolutionary bridge between innate and adaptive immunity? *European journal of immunology*, **39**, 2059-2064.

Sun, J.C., Lopez-Verges, S., Kim, C.C., DeRisi, J.L. & Lanier, L.L. (2011) NK cells and immune "memory". *Journal of immunology*, **186**, 1891-1897.

Sundberg, C., Kowanetz, M., Brown, L.F., Detmar, M. & Dvorak, H.F. (2002) Stable expression of angiopoietin-1 and other markers by cultured pericytes: phenotypic similarities to a subpopulation of cells in maturing vessels during later stages of angiogenesis in vivo. *Lab Invest*, **82**, 387-401.

Suzuki, Y., Funakoshi, H., Machide, M., Matsumoto, K. & Nakamura, T. (2008) Regulation of cell migration and cytokine production by HGF-like protein (HLP) / macrophage stimulating protein (MSP) in primary microglia. *Biomed Res*, **29**, 77-84.

Suzumura, A., Mezitis, S.G., Gonatas, N.K. & Silberberg, D.H. (1987) MHC antigen expression on bulk isolated macrophage-microglia from newborn mouse brain: induction of Ia antigen expression by gamma-interferon. *J Neuroimmunol*, **15**, 263-278.

Tadokoro, C.E., Shakhar, G., Shen, S., Ding, Y., Lino, A.C., Maraver, A., Lafaille, J.J. & Dustin, M.L. (2006) Regulatory T cells inhibit stable contacts between CD4+ T cells and dendritic cells in vivo. *The Journal of experimental medicine*, **203**, 505-511.

Takahashi, T., Kuniyasu, Y., Toda, M., Sakaguchi, N., Itoh, M., Iwata, M., Shimizu, J. & Sakaguchi, S. (1998) Immunologic self-tolerance maintained by CD25+CD4+ naturally anergic and suppressive T cells: induction of autoimmune disease by breaking their anergic/suppressive state. *Int Immunol*, **10**, 1969-1980.

Takeuchi, H., Wang, J., Kawanokuchi, J., Mitsuma, N., Mizuno, T. & Suzumura, A. (2006) Interferon-gamma induces microglial-activation-induced cell death: a hypothetical mechanism of relapse and remission in multiple sclerosis. *Neurobiol Dis*, **22**, 33-39.

Takiguchi, M. & Frelinger, J.A. (1986) Induction of antigen presentation ability in purified cultures of astroglia by interferon-gamma. *J Mol Cell Immunol*, **2**, 269-280.

Talks, K.L., Turley, H., Gatter, K.C., Maxwell, P.H., Pugh, C.W., Ratcliffe, P.J. & Harris, A.L. (2000) The expression and distribution of the hypoxia-inducible factors HIF-1alpha and HIF-2alpha in normal human tissues, cancers, and tumor-associated macrophages. *Am J Pathol*, **157**, 411-421.

Tambuyzer, B.R., Ponsaerts, P. & Nouwen, E.J. (2009) Microglia: gatekeepers of central nervous system immunology. *J Leukoc Biol*, **85**, 352-370.

Tan, L., Gordon, K.B., Mueller, J.P., Matis, L.A. & Miller, S.D. (1998) Presentation of proteolipid protein epitopes and B7-1-dependent activation of encephalitogenic T cells by IFN-gamma-activated SJL/J astrocytes. *J Immunol*, **160**, 4271-4279.

Tanaka, T. (1997) Effect of adenoviral-mediated thymidine kinase transduction and ganciclovir therapy on tumor-associated endothelial cells. *Neurol Med Chir (Tokyo)*, **37**, 730-737; discussion 737-738.

Tang, Q., Boden, E.K., Henriksen, K.J., Bour-Jordan, H., Bi, M. & Bluestone, J.A. (2004) Distinct roles of CTLA-4 and TGF-beta in CD4+CD25+ regulatory T cell function. *Eur J Immunol*, **34**, 2996-3005.

Tanuma, N., Kojima, T., Shin, T., Aikawa, Y., Kohji, T., Ishihara, Y. & Matsumoto, Y. (1997) Competitive PCR quantification of pro- and anti-inflammatory cytokine mRNA in the central nervous system during autoimmune encephalomyelitis. *J Neuroimmunol*, **73**, 197-206.

Taylor, D.L., Pirianov, G., Holland, S., McGinnity, C.J., Norman, A.L., Reali, C., Diemel, L.T., Gveric, D., Yeung, D. & Mehmet, H. (2010) Attenuation of proliferation in oligodendrocyte precursor cells by activated microglia. *J Neurosci Res*, **88**, 1632-1644.

Terjung, B. & Spengler, U. (2009) Atypical p-ANCA in PSC and AIH: a hint toward a "leaky gut"? *Clin Rev Allergy Immunol*, **36**, 40-51.

Thomas, D.A. & Massague, J. (2005) TGF-beta directly targets cytotoxic T cell functions during

tumor evasion of immune surveillance. *Cancer Cell*, **8**, 369-380.

Thomas, W.E. (1999) Brain macrophages: on the role of pericytes and perivascular cells. *Brain Res Brain Res Rev*, **31**, 42-57.

Thornton, A.M. & Shevach, E.M. (1998) CD4+CD25+ immunoregulatory T cells suppress polyclonal T cell activation in vitro by inhibiting interleukin 2 production. *J Exp Med*, **188**, 287-296.

Townsend, K.P., Town, T., Mori, T., Lue, L.F., Shytle, D., Sanberg, P.R., Morgan, D., Fernandez, F., Flavell, R.A. & Tan, J. (2005) CD40 signaling regulates innate and adaptive activation of microglia in response to amyloid beta-peptide. *European journal of immunology*, **35**, 901-910.

Trajkovic, V., Vuckovic, O., Stosic-Grujicic, S., Miljkovic, D., Popadic, D., Markovic, M., Bumbasirevic, V., Backovic, A., Cvetkovic, I., Harhaji, L., Ramic, Z. & Mostarica Stojkovic, M. (2004) Astrocyte-induced regulatory T cells mitigate CNS autoimmunity. *Glia*, **47**, 168-179.

Tran, N.D., Correale, J., Schreiber, S.S. & Fisher, M. (1999) Transforming growth factor-beta mediates astrocyte-specific regulation of brain endothelial anticoagulant factors. *Stroke*, **30**, 1671-1678.

Trapani, J.A. (2005) The dual adverse effects of TGF-beta secretion on tumor progression. *Cancer Cell*, **8**, 349-350.

Trapani, J.A. & Sutton, V.R. (2003) Granzyme B: pro-apoptotic, antiviral and antitumor functions. *Curr Opin Immunol*, **15**, 533-543.

Traugott, U. (1989) Detailed analysis of early immunopathologic events during lesion formation in acute experimental autoimmune encephalomyelitis. *Cell Immunol*, **119**, 114-129.

Traugott, U. & Raine, C.S. (1985) Multiple sclerosis. Evidence for antigen presentation in situ by endothelial cells and astrocytes. *J Neurol Sci*, **69**, 365-370.

Tripp, C.H., Ebner, S., Ratzinger, G., Romani, N. & Stoitzner, P. (2010) Conditioning of the injection site with CpG enhances the migration of adoptively transferred dendritic cells and endogenous CD8+ T-cell responses. *Journal of immunotherapy*, **33**, 115-125.

Triulzi, C., Vertuani, S., Curcio, C., Antognoli, A., Seibt, J., Akusjarvi, G., Wei, W.Z., Cavallo, F. & Kiessling, R. (2010) Antibody-dependent natural killer cell-mediated cytotoxicity engendered by a kinase-inactive human HER2 adenovirus-based vaccination mediates resistance to breast tumors. *Cancer research*, **70**, 7431-7441.

Tsai, J.C., Goldman, C.K. & Gillespie, G.Y. (1995) Vascular endothelial growth factor in human glioma cell lines: induced secretion by EGF, PDGF-BB, and bFGF. *J Neurosurg*, **82**, 864-873.

Umemura, N., Saio, M., Suwa, T., Kitoh, Y., Bai, J., Nonaka, K., Ouyang, G.F., Okada, M., Balazs, M., Adany, R., Shibata, T. & Takami, T. (2008) Tumor-infiltrating myeloid-derived suppressor cells are pleiotropic-inflamed monocytes/macrophages that bear M1- and M2-type characteristics. *J Leukoc Biol*, **83**, 1136-1144.

Unsicker, K., Flanders, K.C., Cissel, D.S., Lafyatis, R. & Sporn, M.B. (1991) Transforming growth factor beta isoforms in the adult rat central and peripheral nervous system. *Neuroscience*, **44**, 613-625.

Unsicker, K. & Krieglstein, K. (2002) TGF-betas and their roles in the regulation of neuron survival. *Adv Exp Med Biol*, **513**, 353-374.

Valujskikh, A. & Li, X.C. (2007) Frontiers in nephrology: T cell memory as a barrier to transplant tolerance. *J Am Soc Nephrol*, **18**, 2252-2261.

Van Gool, S., Maes, W., Ardon, H., Verschuere, T., Van Cauter, S. & De Vleeschouwer, S. (2009) Dendritic cell therapy of high-grade gliomas. *Brain Pathol*, **19**, 694-712.

van Rooijen, N., Bakker, J. & Sanders, A. (1997) Transient suppression of macrophage functions by liposome-encapsulated drugs. *Trends Biotechnol*, **15**, 178-185.

van Rooijen, N. & Hendrikx, E. (2010) Liposomes for specific depletion of macrophages from organs and tissues. *Methods Mol Biol*, **605**, 189-203.

Vauleon, E., Avril, T., Collet, B., Mosser, J. & Quillien, V. (2010) Overview of cellular immunotherapy for patients with glioblastoma. *Clin Dev Immunol*, **2010**.

Vergati, M., Intrivici, C., Huen, N.Y., Schlom, J. & Tsang, K.Y. (2010) Strategies for cancer vaccine development. *J Biomed Biotechnol*, **2010**.

Verreck, F.A., de Boer, T., Langenberg, D.M., Hoeve, M.A., Kramer, M., Vaisberg, E., Kastelein, R., Kolk, A., de Waal-Malefyt, R. & Ottenhoff, T.H. (2004) Human IL-23-producing type 1 macrophages promote but IL-10-producing type 2 macrophages subvert immunity to (myco)bacteria. *Proc Natl Acad Sci U S A*, **101**, 4560-4565.

Veziers, J., Lesourd, M., Jollivet, C., Montero-Menei, C., Benoit, J.P. & Menei, P. (2001) Analysis of brain biocompatibility of drug-releasing biodegradable microspheres by scanning and transmission electron microscopy. *J Neurosurg*, **95**, 489-494.

Vieira, P.L., Christensen, J.R., Minaee, S., O'Neill, E.J., Barrat, F.J., Boonstra, A., Barthlott, T., Stockinger, B., Wraith, D.C. & O'Garra, A. (2004) IL-10-secreting regulatory T cells do not express Foxp3 but have comparable regulatory function to naturally occurring CD4+CD25+ regulatory T cells. *J Immunol*, **172**, 5986-5993.

Vilhardt, F. (2005) Microglia: phagocyte and glia cell. *Int J Biochem Cell Biol*, **37**, 17-21.

Villalta, S.A., Nguyen, H.X., Deng, B., Gotoh, T. & Tidball, J.G. (2009) Shifts in macrophage phenotypes and macrophage competition for arginine metabolism affect the severity of muscle pathology in muscular dystrophy. *Hum Mol Genet*, **18**, 482-496.

Visintin, A., Mazzoni, A., Spitzer, J.H., Wyllie, D.H., Dower, S.K. & Segal, D.M. (2001) Regulation of Toll-like receptors in human monocytes and dendritic cells. *J Immunol*, **166**, 249-255.

Vivier, E., Tomasello, E., Baratin, M., Walzer, T. & Ugolini, S. (2008) Functions of natural killer cells. *Nature immunology*, **9**, 503-510.

Vollmer, J. & Krieg, A.M. (2009) Immunotherapeutic applications of CpG oligodeoxynucleotide TLR9 agonists. *Advanced drug delivery reviews*, **61**, 195-204.

von Bergwelt-Baildon, M.S., Popov, A., Saric, T., Chemnitz, J., Classen, S., Stoffel, M.S., Fiore, F., Roth, U., Beyer, M., Debey, S., Wickenhauser, C., Hanisch, F.G. & Schultze, J.L. (2006) CD25 and indoleamine 2,3-dioxygenase are up-regulated by prostaglandin E2 and expressed by tumor-associated dendritic cells in vivo: additional mechanisms of T-cell inhibition. *Blood*, **108**, 228-237.

Wagner, S., Czub, S., Greif, M., Vince, G.H., Suss, N., Kerkau, S., Rieckmann, P., Roggendorf, W., Roosen, K. & Tonn, J.C. (1999) Microglial/macrophage expression of interleukin 10 in human glioblastomas. *Int J Cancer*, **82**, 12-16.

Wahl, S.M., Wen, J. & Moutsopoulos, N. (2006) TGF-beta: a mobile purveyor of immune privilege. *Immunol Rev*, **213**, 213-227.

Wake, H., Moorhouse, A.J., Jinno, S., Kohsaka, S. & Nabekura, J. (2009) Resting microglia directly monitor the functional state of synapses in vivo and determine the fate of ischemic terminals. *J Neurosci*, **29**, 3974-3980.

Wakselman, S., Bechade, C., Roumier, A., Bernard, D., Triller, A. & Bessis, A. (2008) Developmental neuronal death in hippocampus requires the microglial CD11b integrin and DAP12 immunoreceptor. *J Neurosci*, **28**, 8138-8143.

Walker, D.G., Chuah, T., Rist, M.J. & Pender, M.P. (2006) T-cell apoptosis in human glioblastoma multiforme: implications for immunotherapy. *J Neuroimmunol*, **175**, 59-68.

Walker, P.R., Calzascia, T., de Tribolet, N. & Dietrich, P.Y. (2003) T-cell immune responses in the brain and their relevance for cerebral malignancies. *Brain Res Brain Res Rev*, **42**, 97-122.

Walker, P.R., Calzascia, T. & Dietrich, P.Y. (2002) All in the head: obstacles for immune rejection of brain tumours. *Immunology*, **107**, 28-38.

Walker, P.R., Calzascia, T., Schnuriger, V., Scamuffa, N., Saas, P., de Tribolet, N. & Dietrich, P.Y. (2000) The brain parenchyma is permissive for full antitumor CTL effector function, even in the absence of CD4 T cells. *J Immunol*, **165**, 3128-3135.

Walker, W.S., Gatewood, J., Olivas, E., Askew, D. & Havenith, C.E. (1995) Mouse microglial cell lines differing in constitutive and interferon-gamma-inducible antigen-presenting activities for naive and memory CD4+ and CD8+ T cells. *J Neuroimmunol*, **63**, 163-174.

Walter, K.A., Tamargo, R.J., Olivi, A., Burger, P.C. & Brem, H. (1995) Intratumoral chemotherapy. *Neurosurgery*, **37**, 1128-1145.

Walton, N.M., Sutter, B.M., Laywell, E.D., Levkoff, L.H., Kearns, S.M., Marshall, G.P., 2nd, Scheffler, B. & Steindler, D.A. (2006) Microglia instruct subventricular zone neurogenesis. *Glia*, **54**, 815-825.

Wang, C., Cao, S., Yan, Y., Ying, Q., Jiang, T., Xu, K. & Wu, A. (2010) TLR9 expression in glioma tissues correlated to glioma progression and the prognosis of GBM patients. *BMC cancer*, **10**, 415.

Wang, D.D. & Bordey, A. (2008) The astrocyte odyssey. *Prog Neurobiol*, **86**, 342-367.

Watters, J.J., Schartner, J.M. & Badie, B. (2005) Microglia function in brain tumors. *J Neurosci Res*, **81**, 447-455.

Watts, C. (1997a) Capture and processing of exogenous antigens for presentation on MHC molecules. *Annu Rev Immunol*, **15**, 821-850.

Watts, C. (1997b) Capture and processing of exogenous antigens for presentation on MHC molecules. *Annual review of immunology*, **15**, 821-850.

Watts, C., West, M.A. & Zaru, R. (2010) TLR signalling regulated antigen presentation in dendritic cells. *Curr Opin Immunol*, **22**, 124-130.

Watts, R.J., Hoopfer, E.D. & Luo, L. (2003) Axon pruning during Drosophila metamorphosis: evidence for local degeneration and requirement of the ubiquitin-proteasome system. *Neuron*, **38**, 871-885.

Webb, A., Cunningham, D., Cotter, F., Clarke, P.A., di Stefano, F., Ross, P., Corbo, M. & Dziewanowska, Z. (1997) BCL-2 antisense therapy in patients with non-Hodgkin lymphoma. *Lancet*, **349**, 1137-1141.

Weber, F., Byrne, S.N., Le, S., Brown, D.A., Breit, S.N., Scolyer, R.A. & Halliday, G.M. (2005) Transforming growth factor-beta1 immobilises dendritic cells within skin tumours and facilitates tumour escape from the immune system. *Cancer Immunol Immunother*, **54**, 898-906.

Weber, F., Meinl, E., Aloisi, F., Nevinny-Stickel, C., Albert, E., Wekerle, H. & Hohlfeld, R. (1994) Human astrocytes are only partially competent antigen presenting cells. Possible implications for lesion development in multiple sclerosis. *Brain*, **117** (**Pt 1**), 59-69.

Whisler, R.L. & Yates, A.J. (1980) Regulation of lymphocyte responses by human gangliosides. I. Characteristics of inhibitory effects and the induction of impaired activation. *J Immunol*, **125**, 2106-2111.

Wieder, T., Braumuller, H., Kneilling, M., Pichler, B. & Rocken, M. (2008) T cell-mediated help against tumors. *Cell cycle (Georgetown, Tex*, **7**, 2974-2977.

Wiendl, H., Mitsdoerffer, M. & Weller, M. (2003) Hide-and-seek in the brain: a role for HLA-G mediating immune privilege for glioma cells. *Semin Cancer Biol*, **13**, 343-351.

Williams, K., Ulvestad, E. & Antel, J. (1994) Immune regulatory and effector properties of human adult microglia studies in vitro and in situ. *Adv Neuroimmunol*, **4**, 273-281.

Wilson, E.H., Weninger, W. & Hunter, C.A. (2010) Trafficking of immune cells in the central nervous system. *J Clin Invest*, **120**, 1368-1379.

Winkler, F., Kozin, S.V., Tong, R.T., Chae, S.S., Booth, M.F., Garkavtsev, I., Xu, L., Hicklin, D.J., Fukumura, D., di Tomaso, E., Munn, L.L. & Jain, R.K. (2004) Kinetics of vascular normalization by VEGFR2 blockade governs brain tumor response to radiation: role of oxygenation, angiopoietin-1, and matrix metalloproteinases. *Cancer Cell*, **6**, 553-563.

Wintterle, S., Schreiner, B., Mitsdoerffer, M., Schneider, D., Chen, L., Meyermann, R., Weller, M. & Wiendl, H. (2003) Expression of the B7-related molecule B7-H1 by glioma cells: a potential mechanism of immune paralysis. *Cancer Res*, **63**, 7462-7467.

Wirenfeldt, M., Babcock, A.A. & Vinters, H.V. (2011) Microglia - insights into immune system structure, function, and reactivity in the central nervous system. *Histol Histopathol*, **26**, 519-530.

Wirjatijasa, F., Dehghani, F., Blaheta, R.A., Korf, H.W. & Hailer, N.P. (2002) Interleukin-4, interleukin-10, and interleukin-1-receptor antagonist but not transforming growth factor-beta induce ramification and reduce adhesion molecule expression of rat microglial cells. *J Neurosci Res*, **68**, 579-587.

Wischhusen, J., Friese, M.A., Mittelbronn, M., Meyermann, R. & Weller, M. (2005) HLA-E protects glioma cells from NKG2D-mediated immune responses in vitro: implications for immune escape in vivo. *J Neuropathol Exp Neurol*, **64**, 523-528.

Wu, A., Wei, J., Kong, L.Y., Wang, Y., Priebe, W., Qiao, W., Sawaya, R. & Heimberger, A.B. (2010) Glioma cancer stem cells induce immunosuppressive macrophages/microglia. *Neuro Oncol*, **12**, 1113-1125.

Wyllie, A.H. (1987) Apoptosis: cell death under homeostatic control. *Arch Toxicol Suppl*, **11**, 3-10.

Xiao, B.G., Xu, L.Y. & Yang, J.S. (2002) TGF-beta 1 synergizes with GM-CSF to promote the generation of glial cell-derived dendriform cells in vitro. *Brain Behav Immun*, **16**, 685-697.

Yamanaka, R., Honma, J., Tsuchiya, N., Yajima, N., Kobayashi, T. & Tanaka, R. (2005) Tumor lysate and IL-18 loaded dendritic cells elicits Th1 response, tumor-specific CD8+ cytotoxic T cells in patients with malignant glioma. *Journal of neuro-oncology*, **72**, 107-113.

Yance, D.R., Jr. & Sagar, S.M. (2006) Targeting angiogenesis with integrative cancer therapies. *Integr Cancer Ther*, **5**, 9-29.

Yang, C.N., Shiao, Y.J., Shie, F.S., Guo, B.S., Chen, P.H., Cho, C.Y., Chen, Y.J., Huang, F.L. & Tsay, H.J. (2011) Mechanism mediating oligomeric Abeta clearance by naive primary microglia. *Neurobiol Dis*, **42**, 221-230.

Yang, L., Ng, K.Y. & Lillehei, K.O. (2003) Cell-mediated immunotherapy: a new approach to the treatment of malignant glioma. *Cancer Control*, **10**, 138-147.

Yaqub, S., Henjum, K., Mahic, M., Jahnsen, F.L., Aandahl, E.M., Bjornbeth, B.A. & Tasken, K. (2008) Regulatory T cells in colorectal cancer patients suppress anti-tumor immune activity in a COX-2 dependent manner. *Cancer Immunol Immunother*, **57**, 813-821.

Ye, P., Hu, Q., Liu, H., Yan, Y. & D'Ercole A, J. (2010) beta-catenin mediates insulin-like growth factor-I actions to promote cyclin D1 mRNA expression, cell proliferation and survival in oligodendroglial cultures. *Glia*, **58**, 1031-1041.

Yewdell, J., Anton, L.C., Bacik, I., Schubert, U., Snyder, H.L. & Bennink, J.R. (1999) Generating MHC class I ligands from viral gene products. *Immunol Rev*, **172**, 97-108.

Yewdell, J.W. & Bennink, J.R. (1999a) Immunodominance in major histocompatibility complex class I-restricted T lymphocyte responses. *Annu Rev Immunol*, **17**, 51-88.

Yewdell, J.W. & Bennink, J.R. (1999b) Mechanisms of viral interference with MHC class I antigen processing and presentation. *Annual review of cell and developmental biology*, **15**, 579-606.

Yi, A.K., Tuetken, R., Redford, T., Waldschmidt, M., Kirsch, J. & Krieg, A.M. (1998) CpG motifs in bacterial DNA activate leukocytes through the pH-dependent generation of reactive oxygen species. *J Immunol*, **160**, 4755-4761.

Ying, X., Wen, H., Lu, W.L., Du, J., Guo, J., Tian, W., Men, Y., Zhang, Y., Li, R.J., Yang, T.Y., Shang, D.W., Lou, J.N., Zhang, L.R. & Zhang, Q.

(2010) Dual-targeting daunorubicin liposomes improve the therapeutic efficacy of brain glioma in animals. *J Control Release*, **141**, 183-192.

Yoneyama, M., Kikuchi, M., Matsumoto, K., Imaizumi, T., Miyagishi, M., Taira, K., Foy, E., Loo, Y.M., Gale, M., Jr., Akira, S., Yonehara, S., Kato, A. & Fujita, T. (2005) Shared and unique functions of the DExD/H-box helicases RIG-I, MDA5, and LGP2 in antiviral innate immunity. *J Immunol*, **175**, 2851-2858.

Youn, J.I., Nagaraj, S., Collazo, M. & Gabrilovich, D.I. (2008) Subsets of myeloid-derived suppressor cells in tumor-bearing mice. *J Immunol*, **181**, 5791-5802.

Zagzag, D., Salnikow, K., Chiriboga, L., Yee, H., Lan, L., Ali, M.A., Garcia, R., Demaria, S. & Newcomb, E.W. (2005) Downregulation of major histocompatibility complex antigens in invading glioma cells: stealth invasion of the brain. *Lab Invest*, **85**, 328-341.

Zha, Y., Blank, C. & Gajewski, T.F. (2004) Negative regulation of T-cell function by PD-1. *Crit Rev Immunol*, **24**, 229-237.

Zhai, Q.H., Futrell, N. & Chen, F.J. (1997) Gene expression of IL-10 in relationship to TNF-alpha, IL-1beta and IL-2 in the rat brain following middle cerebral artery occlusion. *J Neurol Sci*, **152**, 119-124.

Zhang, L., Bertucci, A.M., Ramsey-Goldman, R., Burt, R.K. & Datta, S.K. (2009) Regulatory T cell (Treg) subsets return in patients with refractory lupus following stem cell transplantation, and TGF-beta-producing CD8+ Treg cells are associated with immunological remission of lupus. *J Immunol*, **183**, 6346-6358.

Zhang, X. & Mosser, D.M. (2008) Macrophage activation by endogenous danger signals. *J Pathol*, **214**, 161-178.

Zhao, D., Alizadeh, D., Zhang, L., Liu, W., Farrukh, O., Manuel, E., Diamond, D.J. & Badie, B. (2011) Carbon nanotubes enhance CpG uptake and potentiate antiglioma immunity. *Clinical cancer research : an official journal of the American Association for Cancer Research*, **17**, 771-782.

Zhou, L., Chong, M.M. & Littman, D.R. (2009) Plasticity of CD4+ T cell lineage differentiation. *Immunity*, **30**, 646-655.

Zhu, J. & Mohan, C. (2010) Toll-like receptor signaling pathways--therapeutic opportunities. *Mediators Inflamm*, **2010**, 781235.

Zhu, Y., Roth-Eichhorn, S., Braun, N., Culmsee, C., Rami, A. & Krieglstein, J. (2000) The expression of transforming growth factor-beta1 (TGF-beta1) in hippocampal neurons: a temporary upregulated protein level after transient forebrain ischemia in the rat. *Brain Res*, **866**, 286-298.

Zimmer, J., Andres, E. & Hentges, F. (2008) NK cells and Treg cells: a fascinating dance cheek to cheek. *European journal of immunology*, **38**, 2942-2945.

Zingarelli, B., Salzman, A.L. & Szabo, C. (1996) Protective effects of nicotinamide against nitric oxide-mediated delayed vascular failure in endotoxic shock: potential involvement of polyADP ribosyl synthetase. *Shock*, **5**, 258-264.

Printed by Books on Demand GmbH, Norderstedt / Germany